U0161471

前　言

　　本书是为了适应高等学校工科专业技术基础课程的要求，根据学科发展和教学改革的要求，结合多年的实际教学经验，并总结吸收了其他院校教学改革的经验编写的。

　　本书以基础知识为重点，拓宽了专业知识面，强调基础和应用的统一，突出技术的应用，特别是加工工艺，注重对各种成形方法进行必要的归纳、拓宽与深入，也注意与相关课程的分工和衔接。在选材和体系结构上，注重基本理论与实际生产的联系。

　　本书较为全面地介绍了多点柔性复合成形的背景、现状及发展趋势，重点论述了多点柔性复合成形技术的基本原理、主要制造方法及其特点，并结合多种工程应用案例阐述了多点柔性复合成形的变形机制、工艺参数、仿真模拟、装备功能和模具结构、典型缺陷分析与控制等基础理论和关键技术。

　　本书共分6章，包括绪论、多点柔性复合成形技术的变形机理、多点柔性复合成形工艺及其影响因素、多点柔性复合成形技术的数值模拟、多点柔性复合成形技术装备、多点柔性复合成形质量控制技术研究等。

　　本书可供高等学校材料成形、机械类等相关专业的师生阅读，也可供有关工程技术人员参考。

　　限于著者的专业水平和知识范围，书中的疏漏和不妥之处在所难免，恳请广大读者和同仁批评指正。

著　者

2024. 3. 31

目　　录

第1章 绪 论

1.1 多点柔性复合成形技术概述

金属板材成形是以最少的材料制造复杂三维形状金属零件的有效手段，因此板料成形是制造业中应用最为广泛的成形方法之一。传统的板料成形工艺加工一种零件往往需数套模具，经多道工序才能完成；模具设计与制造周期长、费用高；而且需要进行多次调试与修改，才能用于实际生产，因此比较适合于品种单一、批量大、更新换代周期长的产品生产。

随着科技的发展，工业的制造模式和水平不断提高。三维曲面件大量应用于航空航天、船舶舰艇、高速列车等交通工具及现代建筑的装饰幕墙等方面。模具成形是常用的三维曲面件加工技术，但模具成形要使用整体模具，需要长时间的模具设计、加工制造和调试等过程，生产准备周期很长；而且使用一套模具只能成形一种特定形状与尺寸的曲面件，针对每一种形状与尺寸的曲面零件都需要一套或数套与之对应的模具，所以前期制造成本很高。长时间的生产准备周期和昂贵的前期制造成本使得模具成形适用于大批量生产，但不适合单件或小批生产，从而限制其在产品的个性化、多样化以及更新换代等方面的发展。

为替代传统的曲面成形用整体模具，国内外很多机构与企业开展了大量与柔性制造相关的研究，并开发了多种柔性成形技术，如应用在造船业的水火弯板与航空制造业的喷丸成形、单点渐进成形等，但普遍存在加工效率低、成形精度差等问题。

多点柔性复合成形技术是指基于产品的数字化信息，由产品的三维 CAD 模型直接驱动，通过形状简单的轮廓包络体及其多种构型方式，基于多点成形和其他成形方法的有效组合，实现三维曲面零件成形的技术。多点柔性复合成形属于一种先进的柔性成形技术，主要特点是将整体模具离散为规则排列的基本体单元，通过数控手段调整各基本体单元的高度，构造出不同的成形型面，从而实现板料的不同三维曲面成形。

多点柔性复合成形的核心理念即可变形状的模具成形（可重构模具）一直以来都具有吸引力，因为它可以减少模具设计成本，使得设计迭代能够快速进行且几乎不需要额外的工具费用。基于多点成形技术的灵活性，可以通过分段多点成形技术逐段形成大型零件，从而可以用小型多点成形设备制造大型零件。此外，还可以轻松实现传统冲压成形无法实现的变形路径可变的成形模式。多点成形工艺不仅降低了模具生产成本，提供更为灵活的制造方式，而且能方便地实现最均匀的变形分布。

许多学者和企业界人士对可重构模具技术进行了不同的研究。日本的Nakajima、Nishioka、Iwasaki、Iseki、Otsuka等发表了大量有关多点成形技术的研究成果[1-5]。他们使用多冲头成形船板，开发了一种三排压力机来成形简单的三维金属板材零件，并通过使用带有多个油缸的万能压力机来弯曲板材。Hardt、Eigen、Hale、Webb等在美国探索了离散化模具的机械设计和形状控制算法，这项开发技术被称为用于柔性制造的可重构模具[6-13]，所开发的可重构模具取代了拉伸成形金属薄板飞机部件中使用的传统模具。Li、Wang等分别对金属板材的多点成形技术和多点夹层成形力学进行了一系列研究[14-21]。此外，Papazian、Umetsu、Haas、Berteau、Todoroki等分别对可变模具装置、可调形状模具、模块化可重构加热成形模具以及可变配置模具的生产方法进行了研究[22-27]。Li等在金属板材的多点成形方法方面取得了进展[28,29]。图1.1展示了多点成形的概念以及吉林大学团队开发的相应成形装置，目前多点成形技术已被用于制造国家体育场"鸟巢"（北京奥运会）的钢结构、航空航天面板的外皮、高速列车车身和建筑立面等领域。

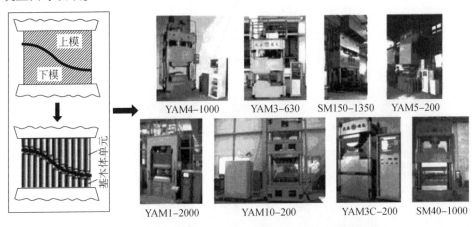

图1.1 吉林大学团队多点成形技术及所开发的成形设备

多点成形技术起源于 20 世纪五六十年代的日本，为适应造船业的快速发展，模具离散化的概念被首次提出[30,31]。近年来，国内外科研工作者对多点成形技术进行了深入的探索，提出了一些极具创新性的改进方法[101-104]。Hwang 等[32]开发了集成系统，可以自动执行回弹补偿过程和冲头模具位移的计算，提高了厚板材的成形精度。Beglarzadeh 等[33]基于有限元模拟并采用 FLD 准则，预测了多点成形板材破裂的位置和深度，并通过研究表明弹性垫对成形件的凹坑、断裂缺陷和尺寸精度有不可避免的影响。Shen 等[34]对基本体进行了创新，研究表明采用表面接触代替点接触的方法，减少了板材局部凹痕和应力集中。Abosaf 等[35]研究了弹性垫厚度、摩擦系数、基本体尺寸和曲率半径等参数对柔性多点冲压成形零件质量的影响，并应用响应面法得到了最佳的工艺参数的组合。Elghawail 等[36]采用响应面法和方差分析技术确定了多点成形的主要工艺参数，并确定其最优设置，研究了这些参数对成形件厚度变化、回弹量的影响。

　　吉林大学李明哲教授团队研发了多点成形（multi point forming，MPF）设备，如图 1.2 所示，该设备不需要实体模具，只需给出所需零件的几何形状和材料信息就能成形所需形状的零件[37,38]。刘纯国等[39]讨论了 MPF 技术在钣金件柔性成形中的应用，实现了三维形状钣金件的快速制造。Cai 等[40]采用动态显式的有限元方法对球形件和马鞍形件的 MPF 过程进行了广泛的数值模拟，揭示了 MPF 过程中板材和基本体群之间的接触过程，并给出关于基本体群的总成形力，为 MPF 方法提供了参考和充分的技术指导。张庆芳等[41-43]提出了一种双曲面板的回弹补偿算法，通过不同形状零件的仿真模拟和实验结果证明了该算法的实用性。

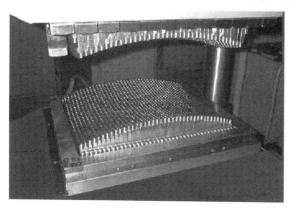

图 1.2　板材多点成形设备

Li 等[44]提出了一种多步 MPF 技术，通过不同变形路径的多步 MPF 工艺的数值模拟，多步 MPF 工艺可以有效改善工件应力分布状态，显著减少了等曲率半径板材制件的回弹。杨万沄[45]结合单点渐进成形和多点成形的技术特点，提出了一种多点循环渐进成形技术，并研究了成形曲面件的褶皱和回弹。王卫卫、贾彬彬等[46-50]提出了一种新型单点控制的力–位移多点成形工艺（MPF-ICFD），建立了 MPF-ICFD 的解析理论模型，并研究了制件的成形缺陷。针对力–位移多点成形板材的起皱现象，探明了起皱的原因，提出了鞍形件起皱的抑制方法。

柔性拉伸成形技术起源于 20 世纪 80 年代，Hardt 等[51]介绍了一种适用于成形金属板的可重构几何模具的拉伸成形设备。Papazian[52]详细研究了柔性拉伸成形装置设计以及成形原理，如图 1.3 所示。Seo 等[53,54]利用考虑弹性恢复的有限元方法，对比分析了将柔性拉伸成形与整体模具成形的结果，验证了柔性模具的有效性。Bae 等[55]采用静态隐式算法进行了柔性拉伸成形过程的有限元分析，采用弹塑性接触模型模拟了板材表面的残余变形。

图 1.3　柔性拉伸成形设备

随着航空航天技术的蓬勃发展，近年来，国内多所高校对柔性拉伸成形技术进行了深入的探索。李明哲、彭赫力等[56-58]分别采用力加载和位移加载两种模式进行了柔性拉伸成形的数值模拟，研究了不同工艺参数对回弹和起皱缺陷的影响规律。张文阳等[59]构建了可重构柔性模具的几何模型，探究了模具型面的计算算法。蔡中义等[60]探讨了制件由于弹性垫导致的不均匀变形以及卸载后回弹对成形精度的影响，为了优化弹性垫造成不均匀变形和回弹，提出了一种反复修改模具型面的补偿方法。陈雪等[61,62]提出一种应用离散化夹钳柔性拉伸成形的新方法，并利用数值模拟和实验的方法研究了离散夹钳数量、夹钳形状对制件的应变、厚度和夹持面形状的影响。王少辉等[63-65]研究了弹性垫的厚度和基本体的尺寸对应力分布和局部应变的影响，研究结果表明离散模具的表面不连续，成形部位存在应力集中和局部应变，导致在成形区的表面产生凹窝。严大伟等[66]利用数值模拟的方法研究了拉伸成形过程，研究表明基本体群向上移动到一定高度时，板材贴模区的中间位置应力会降低。刘纯国等[67]研究了三种主动加载路径对板料成形质量的影响，并分析了成形后板料的应力与应变、延伸率的变化。王友等[68-70]对板材成形过程中拉力加载路径、过渡区长度进行了探究，研究表明水平—倾斜—垂直拉力加载路径可以在较小的应变下实现板料的拉伸成形，并且成形件具有较高成形精度；板料的过渡区长度越小，拉伸成形过程中所需的拉力就越小，工件的应力应变分布越均匀，成形质量越好。

20 世纪 90 年代，Murata 等[71,72]提出了柔性弯曲成形技术，其设备如图 1.4 所示，其成形原理是通过改变模具的角度和位置使管材得到不同程度的变形，实现型材或管材任意弯曲半径和任意方向的柔性弯曲。Gantner 等[73-75]建立了柔性弯曲成形的有限元模型，并通过数值模拟和弯曲试验验证了柔性弯曲技术的可行性。Cheng 等[76]结合自由弯曲技术，建立了应力分析模型，预测了弯曲过程中等效应力和应力分布，揭示了各参数对成形质量的影响规律，并通过仿真试验进行了验证。Vasudevan 等[77]研究了电镀锌（Eg）钢板在空气弯曲过程中的回弹行为。研究发现，回弹量随涂层厚度、冲头半径、冲头行程、模具半径、模具开口和冲头速度的增加而增大。Guo 等[78-80]开发了完整的三维弹塑性模型，设计了新

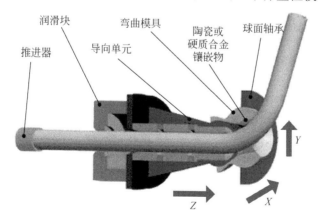

图 1.4 柔性弯曲成形设备

型球面连接结构的自由弯曲设备，并验证了连接结构的可行性，利用新设备研究了小弯曲半径管材自由弯曲过程的成形特性。

李鹏飞等[81,82]研究了非对称截面型材的柔性弯曲过程，成形了无侧弯缺陷的弯曲型材。周永平等[83-85]通过数值模拟和试验的方法，研究了不同工艺参数对管材的成形力以及成形缺陷的影响，并针对 L 型铝型材探讨了成形缺陷的产生机理及抑制方法。时超凡等[86]对型材、管材的柔性弯曲成形过程进行了研究，以球扁型材为研究对象，分析了其应力应变、成形曲率以及成形稳定性，并对成形后型材的旁弯缺陷提出了相应的抑制方法。

Chatti 和 Hermes 基于运动成形方法，开发了扭矩叠加空间（TSS）弯曲工艺[87,88]，与传统的弯曲工艺相比，TSS 弯曲工艺的优点是弯曲轮廓的运动学调整，有更好的灵活性。图 1.5 是 TSS 弯曲成形技术的成形原理。为了不仅能够准确地弯曲二维形状，还能够弯曲三维形状，Staupendah 等[89]开发了增强的分析模型，通过数值模拟和实际试验研究了纵向应力和剪应力计算中弯曲和扭力的相互影响，准确地计算了弯曲力的目标值。

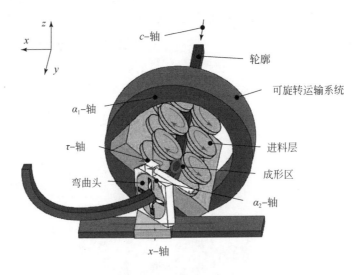

图 1.5　TSS 弯曲成形技术

Muranaka 等[90]提出了"橡胶辅助拉弯法"，用于具有恒定曲率半径型材的均匀弯曲。Capilla 等[91]提出了利用平面拉弯试验数据确定应力–应变曲线的新方法，并讨论了该方法的各向异性和包辛格效应。在室温下很难形成 Ti-6Al-4V 钛合金材料，Deng 等[92]利用本构模型表征了钛合金材料在单轴拉伸和应力松弛中行为，提出了一种可加热的拉弯工艺，创建了热拉弯的有限元模型，改善了钛合金型材的成形稳定性并减少了回弹。

传统的拉弯成形主要用于二维平面结构件的批量生产，难以满足三维空间复杂形状制件一次成形。Wu 等[93]研究了 3D 管材的回弹问题，从理论上研究了 3D 管材回弹的原理，并与有限元分析结果和实验结果进行了比较。李小强等[94]针对型材的三维拉弯成形过程提出了一种基于变形控制有限元模拟的轨迹设计方法。

Welo 等[95,96]设计开发了一种柔性三维拉弯成形设备，如图 1.6 所示，以较低的模具成本可以制造具有不同曲率的复杂三维形状的型材。Welo 等还建立了全力矩分析模型[97]，考虑了材料、几何形状和工艺参数等影响因素，并通过实验、数值模拟和解析计算的对比，验证了所开发的全力矩分析模型能够准确有效地评估回弹。

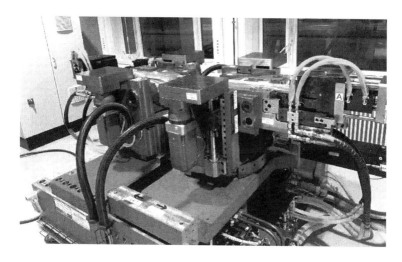

图 1.6 柔性三维拉弯成形设备

1.2 多点柔性复合成形技术的分类及特点

根据成形工艺原理和技术特点，多点柔性复合成形技术可分为以下几类，如图 1.7 所示。

其中，已经获得较为广泛应用的多点柔性复合成形技术主要如下。

图 1.7　多点柔性复合成形技术的主要种类

1. 渐进成形

其起源可追溯到传统的旋压成形。旋压成形通过形状简单的工具成形工件，只能加工轴对称回转体工件；而渐进成形既能加工轴对称回转体工件，又能加工非回转体工件。其特点是通过一个或多个成形工具头沿 x、y 轴方向的运动及 z 轴方向的进给，逐层形成零件的三维包络面，从而实现板料的渐进成形，如图 1.8 所示。

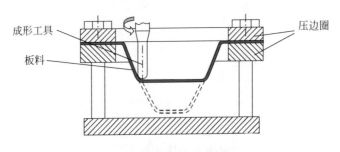

图 1.8　渐进成形原理图

Kitazawa、Powell、Iseki 等对渐进成形进行了研究，并利用 CNC 车床、CNC 铣床成形了多种壳类零件。Matsubara 提出了板料逐层柔性成形的概念，并开发了具有整体上能沿着 x、y、z 三个轴线方向移动的加压机构和板料夹持机构的无模成形装置。日本的 AMINO 公司已实现渐进成形设备的产业化，生产出系列化产品，并成形出汽车覆盖件、子弹头火车车头覆盖件以及医疗器械方面的零件。国内哈尔滨工业大学的王仲仁等对增量成形机理、壁厚变化规律及增量成形过程进行了理论与实验研究，并利用数控车床和加工中心成形了二维及三维板料零件。华中科技大学莫建华等也开展了渐进成形技术的研究工作，并开发了数控成形设备。

2. 多点成形

这种方法起源于日本，其原始思想是利用可以相互错动的"钢丝束集"形成模具型面对板料实现压制与变形。1992 年，李明哲等提出成形原理不同的四种典型的多点成形基本方法，并对多点成形时缺陷的产生机制与控制方法、多点成形装置开发及多点成形工艺等进行了大量的研究工作，开发出达到实用化程度的无模多点成形设备[100]。其核心技术是规则排列的基本体阵列，通过控制基本体 z 方向的位置坐标形成所需包络面，进行板料快速成形，如图 1.9 所示。

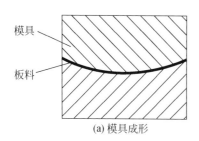
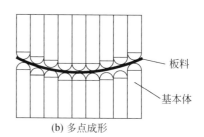

(a) 模具成形　　　　　　　　　　　　　(b) 多点成形

图 1.9　多点成形原理图

在多点成形相关技术的发展过程中，日本东京大学、东京工业大学、京都大学以及美国麻省理工学院的学者及众多企业的工程技术人员进行了很多实验研究[98,99]。北野等试制了万能调整式压力机，压力机上下各由 976 个冲头（61×16 排列）组成，用于成形 6m×1.5m 的钢板曲面。西冈等试制了万能式压力机，进行了船体外板曲面自动化成形的研究。岩崎等研发了三列式压力机，制造成本比较低、只有三排冲头，只能成形近似二维曲面，只适用于变形量很小的船体外板的弯曲加工。野本等进行了多点式压力机及成形实验方面研究工作，制造了具有 36 个冲头（6×6 排列）的多点式压力机，研究工作仅限于船体外板中变形量较小的三维曲面件。井关等对柔性模具成形进行了长时间的研究，制造了成形实验机，对基本体的结构进行了初步探讨。美国麻省理工学院 Hardt 等对可重构模具成形方法进行了研究，研制了能够实现简单成形的实验室原型机，制造了由 2688 个冲头（64×42 排列）构成的模具型面可变的装置，用于飞机蒙皮件拉形。

吉林大学近年来在多点成形基本理论、实用技术及成形设备方面进行了系统的研究，开发出系列化的多点成形设备，研制出分段成形、多道成形、反复成形以及闭环成形等新工艺，在高速列车流线型车头覆盖件、船体外板、人脑颅骨修复体等领域推广应用了多点成形技术。

3. 连续多点成形

连续多点成形是一种新型的三维曲面板类件成形的柔性轧制方法，其原理是将传统轧制与多点调形技术结合起来，形成一种连续、柔性、高效的成形方法，如图 1.10 所示。该方法应用整体式、表面光滑的柔性辊作为成形工具，成形过程不需要模具；利用多点调形技术"柔性"的特点，单一设备可成形多种规格三维曲面板类件；同时运用轧制的连续成形特点，可以实现板材连续进给与成形，具有无模、高效、柔性和低成本的生产特点。

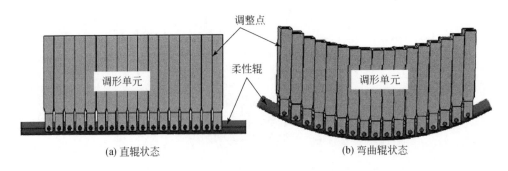

(a) 直辊状态　　　　　　　　　　　　　(b) 弯曲辊状态

图 1.10　连续多点成形原理图

4. 型材多点柔性三维拉弯成形

随着轻量化、节能环保等战略的不断深入推广，各种复杂截面变曲率型材构件在高速列车、汽车、飞机、轮船和建筑等领域得到了越来越广泛的应用，此类构件的几何构型表现为三维变曲率轮廓及复杂截面形状，其变形由拉伸–弯曲–扭转三种复杂变形耦合构成。但是，传统拉弯成形只能用于二维型材构件，难以满足复杂截面三维变曲率型材的一次成形要求。型材多点柔性三维拉弯成形是指采用基于多自由度可控的离散化基本体构成包络轮廓线，实现型材水平和垂直方向一次性拉弯扭成形。型材的拉伸与截面扭转变形由夹钳实现，水平面内的弯曲变形由夹钳在水平面内拉弯实现，垂直面内的弯曲变形通过各离散化基本体在垂直面的不同位移来实现，如图 1.11 所示。其成形效率高、成本低，适用于大型三维构型的复杂截面零件的生产，该技术极具发展潜力，满足目前多行业对各种三维型材复杂截面的零件的迫切需求，应用前景非常广阔。

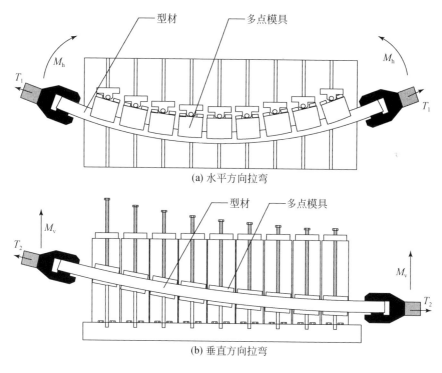

(a) 水平方向拉弯

(b) 垂直方向拉弯

图 1.11　多点柔性三维拉弯成形原理图

柔性三维拉弯成形工艺弥补了传统拉弯成形工艺柔性差、不能三维成形的缺点，是对使用整体模具的传统拉弯工艺的一次变革。该工艺继承了拉弯工艺的高效性，同时吸收了多点成形技术的先进成形思想，其特点和优势主要体现在以下几个方面。

（1）柔性制造。将整体模具离散成为若干组基本体阵列，大大地提高了该工艺的柔性，对于同一种截面型材，只需设计一套基本体阵列即可实现不同几何造型的弯曲成形，节省了大量模具开发的人力和物力成本。同时，柔性制造大大缩短了零件的生产周期，能够实现多种零件的快速、高效的批量生产。

（2）型材的三维成形。该工艺方法解决了传统拉弯工艺无法实现三维成形的问题，能够同时实现型材的二维和三维拉弯。

（3）修模容易，易于控制回弹。可重构的型面轮廓带来的另一个好处就是增加了一种回弹控制的方法。传统工艺中整体模具的修模过程是一个十分费时费力的过程，且有时甚至会造成模具的报废。通过回弹补偿的方法，调整基本体阵列的包络面，可以快速实现型面的修整，实现精确成形。

5. 技术特点

上述各种多点柔性复合成形方法在产品性能的改变、复杂形状的适应能力、材料的利用率、生产效率等方面有着独有优势，其共同的特点如下。

（1）实现板料的无模成形，节约模具材料及设计、制造费用。采用渐进成形与多点成形均不需另外配置模具，不存在模具设计、制造及调试等问题；与传统模具成形方法相比可节省大量的资金与时间，过去因模具造价太高而不得不采用手工成形的单件、小批零件的生产，采用多点柔性复合成形技术可实现规范成形，大大提高成形质量。

（2）同一台设备可进行多种不同形状零件的加工。渐进成形通过控制工具的成形轨迹进行板料成形；可以在一台设备上进行多种不同形状零件的加工；多点成形时通过基本体群包络面构成的成形面来成形板料，成形面的形状可通过对各基本体运动的实时控制自由地构造出来，成形面具有可重构性。另外，利用多点成形过程中成形面可变的特点，可以实现板料的分段、分片成形，在小设备上成形大于设备成形面积数倍甚至数十倍的大尺寸零件。

（3）实现板料变路径成形。利用板料成形路径可变的特点，结合有效的数值模拟技术，设计适当的成形路径，可达到消除成形缺陷、提高板料的成形能力的目的。变路径成形在传统的整体模具成形方式下很难实现。而渐进成形可以通过改变成形轨迹改变板料成形路径，多点成形则通过对各基本体运动的实时控制，多点成形的成形面甚至在板料成形过程中都可随时进行调整，因而，多点成形时板料成形路径可以改变。另外，在多点成形中利用成形面柔性可重构的特点，还能实现反复成形，消除回弹，减小残余应力。

（4）易于实现 CAD/CAE/CAM 一体化及板料成形自动化。在多点柔性复合成形过程中，零件的曲面造型、工艺规划等都由计算机完成，而工件检测及成形过程模拟也可以采用计算机技术，因此，容易实现 CAD/CAE/CAM 一体化。另外，由于多点柔性复合成形设备采用计算机进行控制，因而容易实现成形过程的自动化。

（5）缩短新产品的开发周期，降低产品的成本。多点柔性复合成形不需要模具，省去了大量的模具设计、制造及调试的时间；与传统的模具成形技术相比，可大幅度缩短新产品的开发周期，降低产品的成本。

1.3 多点柔性复合成形技术的发展趋势

随着当今社会对产品需求的日趋多样化，以及航空航天、海运、高速铁路、化工等行业的发展，产品更新换代的速度加快、生命周期变短，对三维曲面板类件的需求也在不断地增加，对多品种、小批量的产品需求越来越多。传统的产品批量生产的模式正逐渐被适应市场动态变化的多品种、小批量生产所代替。为实现三维曲面零件加工的快捷、高质量、低成本，以适应现代制造业产品更新的市场竞争需要，利用计算机技术及柔性工具进行板料柔性成形是现代板料成形技术的重要发展趋势。

板料柔性成形技术省去了新产品开发过程中因模具设计、制造、实验、修改等复杂过程所耗费的时间和资金，能够快速、低成本和高质量地开发出新产品，这种技术符合现代制造业的发展趋势，因而具有广阔的应用前景。

多点柔性复合成形技术是先进制造技术发展的重要方向之一，适用于单件、小批生产；还适用于批量生产。采用多点柔性复合成形技术可以节省大量的模具设计、制造及修模调试的费用，还可省去保存各种模具所需的大型厂房等，具有许多优越性，加工件尺寸越大，批量越小，优越性越突出。可广泛应用于飞机蒙皮、船体外板、车辆覆盖件成形，还可用于压力容器、建筑装饰、城市雕塑等产品，医学工程中各种金属曲面，鼓风机、汽轮机等产品的叶片、叶轮等的制造。

渐进成形可用于新车型的开发和概念车设计的验证，也可将这种方法加工的覆盖件作为原型来翻制模具，用于小批量生产。

目前，多点成形已在高速列车流线型车头覆盖件、潜艇外壳、人脑颅骨修复体以及鸟巢建筑工程弯扭钢构件等成形中得到应用[124]。该技术还可用于压力容器、建筑装饰、城市雕塑中各种三维曲面的制造，也可用于鼓风机、汽轮机等叶片的生产。目前，多点成形技术正在向着大型化、精密化及连续化方向发展。

1. 大型化

多点成形作为一种柔性制造新技术，特别适用于三维板类件的多品种小批量生产及新产品的试制，所加工的零件尺寸越大，其优越性越突出。2006 年，该技术成功应用于 2008 年北京奥运会国家体育馆——鸟巢建筑工程中大量弯扭形钢构件成形，圆满解决了鸟巢建筑工程钢构件加工的世界难题，如图 1.12 所示。鸟巢工程用多点成形装备的一次成形尺寸为 1350mm×1350mm，成形面积接近 $2m^2$，而分段成形件的长度达 10m。随着多点成形技术的推广与普及，设备的一次成形尺寸也在逐渐变大，甚至可能会达到 $10m^2$ 左右。

图 1.12 鸟巢建筑工程中的钢构件

2. 精密化

在若干年以前,多点成形技术只能用于中厚板料的简单形状曲面成形,很多人都认为多点成形不可能实现薄板成形及复杂形状工件的成形。目前多点成形技术在薄板成形与复杂工件成形方面取得了明显进展,已经能够用厚度为 0.5mm 甚至 0.3mm 的板料成形曲面类工件,而且能够成形像人脸那样比较复杂的曲面,如图 1.13 所示。随着多点成形技术的逐渐成熟,目前正在向精密化方面发展,其成形精度也将得到更大提高。汽车覆盖件的数字化精密成形是多点成形技术的

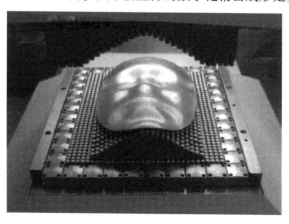

图 1.13 人脸成形案例

重要发展方向，实现汽车覆盖件的多点成形，将使板料柔性成形技术推进到一个更为广阔的应用领域，通过节省模具及其加工制造费用、降低生产成本等环节创造巨大的经济效益和社会效益。

3. 连续化

多点成形技术与连续成形技术的结合可以实现连续柔性成形，即在可随意弯曲的成形辊上设置多个控制点构成多点调整式柔性辊，通过调整控制点形成所需要的成形辊形状，再结合柔性辊的旋转实现工件的连续进给与塑性变形，进行工件的无模、高效、连续、柔性成形。基于这种新的成形原理，已经开发出柔性卷板成形装置，并且实现了多种三维曲面的连续柔性成形，获得了良好的效果，如图 1.14、图 1.15 所示。连续柔性成形技术具有很多突出的技术特点，具有很好的应用前景。

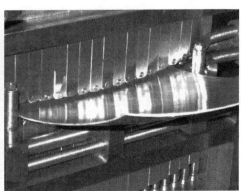

(a) 柔性卷板成形实验装置　　　　　　　(b) 成形中的球面形实验件

图 1.14　柔性卷板成形

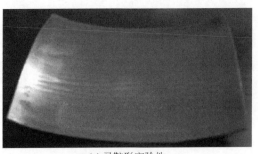

(a) 马鞍形实验件

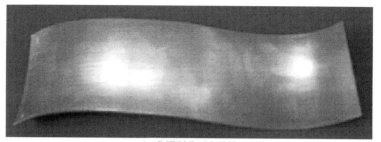

(b) 非规则曲面实验件

图 1.15 连续柔性成形

第 2 章　多点柔性复合成形技术的变形机理

板料塑性成形时，受力状态和变形情况复杂，材料内部各质点上的应力状态和应变状态也各不相同。因此，研究不同载荷工况下的板料塑性成形，实质上就是研究特定应力–应变状态对材料塑性和成形性的影响关系。对多点柔性复合成形过程中的材料内在机理的探究可以更好地评估材料成形极限，更为合理地设定成形工艺参数，从而提高产品成形质量。

2.1　多点柔性复合成形技术的基本原理与变形特点

多点柔性复合成形时，板料不仅受到基本体群的离散化的接触力，发生非均匀变形，还受到成形工具头对板料施加的连续局部变形。其受力状态和变形情况非常复杂。在解决实际问题中，分析其成形过程时需要对模型做出较多的简化和假设，并且实验研究与数值模拟需要与理论分析相结合才能准确描述整个变形过程。因此，探索和揭示多点柔性复合成形过程中板料的变形机理对成形工艺设计与优化是全关重要的。

2.1.1　板料渐进成形

板料渐进成形是通过数字控制设备，采用预先编制好的控制程序逐渐成形板壳类件的柔性加工工艺。轴对称零件的渐进成形可借助数控车床实现，非轴对称零件可用数控铣床或专用的数控设备进行。

1. 轴对称件的渐进成形

如图 2.1 所示，成形时板料随机床主轴旋转，利用数控车床的进给系统，使成形工具的球头按照一定的顺序向板料施加作用力，使板料按照给定的轨迹逐步成形，最终达到所需要的形状。

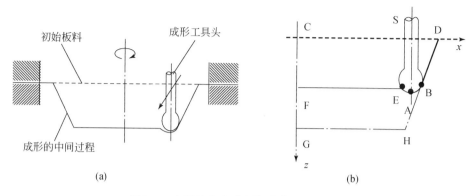

图 2.1　在数控车床进行渐进成形的示意图

S 表示成形工具头，CD 表示成形前的板坯，GHD 表示板料最终成形的形状，DB+BE 弧+EF 表示中间成形过程。

在成形过程中板料上 AB 弧之间的质点被成形球头胀形至最终成形轮廓上。

由于 AB 弧上的外法线方向均指向 SA 的右侧，所以板料上与成形球头相接触的质点，如质点 A 在受 z 方向胀形力作用的同时，也受 x 方向的胀形力作用，并最终被胀形至成形轮廓 HD 上。因此，板料上的质点在成形过程中其 x 和 z 的坐标绝对值都会增大。

2. 三维非轴对称件的渐进成形

引入分层制造的思想，将复杂的三维形状沿 z 轴方向离散化，分解成一系列二维断面层，并在这些二维断面层上进行渐进的塑性加工，如图 2.2 所示。

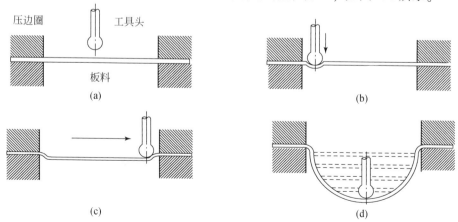

图 2.2　三维曲面的分层渐进成形示意图

板料加工时，成形工具先走到指定位置，并对板料压下设定的压下量，然后根据控制系统的指令，按照第一层截面轮廓的要求，以走等高线的方式对板料进行塑性加工。形成第一层截面轮廓后，成形工具头进给设定高度，再按第二层截面轮廓要求运动，形成第二层轮廓，如此重复直到整个工件成形完毕。

利用数控车床进行增量成形时，板料随卡盘旋转，成形工具则按预定程序做进给运动，工具的球头部分作用于板料表面使作用点处产生塑性变形，由于板料本身做旋转运动，最终成形出轴对称件。

在数控铣床上进行增量成形时，板料随工作台沿 x、y 方向作平移运动，成形工具除作旋转运动外还沿垂直方向运动，板料沿球头轨迹包络面变形，形成三维非轴对称零件，如图 2.3 所示。

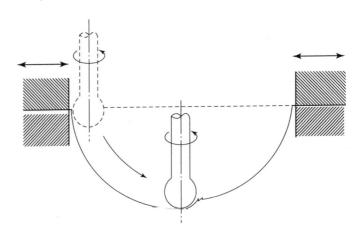

图 2.3　数控铣床上的渐进成形示意图

3. 变形特点

渐进成形时，成形球头首先在一点压向板料，使之产生一定的变形，然后按一定的轨迹运动，在整个运动过程中板料连续变形，待完成一条路径的变形运动后，将成形球头抬起，移向下一条轨迹的起点，重复以上的运动。可见，板料的整体变形是由逐次的变形累积而成，在沿指定轨迹连续的方式下，成形球头压入板料，变形主要发生在球头运动轨迹的前侧，局部变形具有"胀形"的特征。

因此，渐进成形过程主要特点如下：

（1）板料要按照给定的路径或轨迹进行成形，可成形形状较为复杂的零件；通过工具头沿成形轨迹连续运动进行板料成形，因而成形效率不高。

（2）板料的变形是逐点、逐步发展的，每一点、每一步的变形量都不大。由于是通过逐点局部胀形的累积实现板料成形，因此通常可成形的板料厚度比较薄。

（3）设备的结构比较简单，对 CNC 车床、CNC 铣床经过简单改装即可进行某些形状零件的增量成形，成形件的尺寸受到压边结构的限制。

（4）由于增量成形是一种减薄成形，无法实现接近90°倾角的直壁件成形。

2.1.2　板料多点成形

多点成形的基本思想是将整体模具离散化，由一系列规则排列的基本体（或称冲头）组成的阵列来代替。在整体模具成形中，板料三维曲面零件由模具曲面来成形，而在多点成形中则由基本体球头的包络面（称为成形曲面）来完成。各基本体的高度由计算机实时控制，根据零件的目标形状调整基本体的行程能够快速地构造出所需的成形曲面，从而实现零件的快速、柔性成形，如图 2.4 所示。

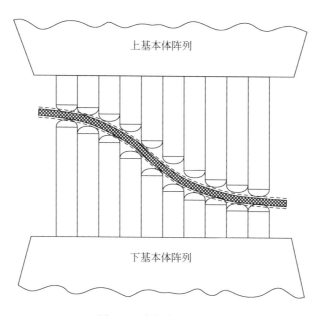

图 2.4　多点成形示意图

以多点拉伸成形为例，其成形是拉伸和弯曲复合的过程，成形过程的力学问题复杂，考虑板料拉伸成形的特点，为了便于理论分析，可做如下假设：

（1）板料为各向同性，服从幂指数强化模型；

（2）板料变形过程视为平面应力，厚度方向的应力较小，可忽略不计，一般只需考虑板面内应力作用；

（3）板料宽度远大于厚度，宽度方向受到材料彼此之间的制约作用，不能自由变形，近似认为宽度方向应变为0；

（4）材料体积不变；

（5）板料的宽度远大于厚度，所以忽略中性层内移现象，单位宽度的切向力沿板厚方向分布均匀。

图2.5为平面应力状态下板料任意剖面的拉伸成形示意图。

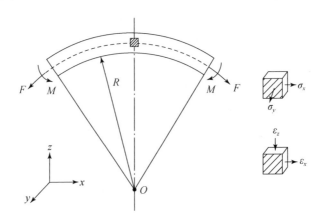

图2.5　平面应力状态下板料任意剖面的拉伸成形示意图

板料拉伸成形过程受力变化分为三个阶段：预拉伸、包覆、补拉[117]。

1. 预拉伸阶段

用夹钳夹持板料，通过水平液压缸对夹钳施加预拉力，预拉力大小要超过板料的屈服点，即板料在平直状态下就发生屈服。

图2.6为预拉伸阶段板料厚度截面内任意点的应力、应变变化过程（用实线标记），图中σ_s为板料的屈服点（实心圆标记），σ_p为预拉伸结束时板料内部应力（用A点的实心圆标记），ε_s和ε_p分别为屈服应变和预拉伸应变，箭头方向为应力、应变变化路径方向。

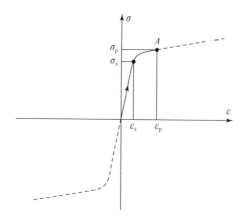

图 2.6　预拉伸阶段板料内部任意点的应力、应变变化

2. 包覆阶段

预拉伸结束后，保持预拉力不变，在倾斜液压缸和垂直液压缸的共同作用下使板料发生弯曲并逐渐包覆模具。板料发生弯曲之后，在厚度截面内，中性层以上的外区材料受拉伸长，中性层以下的内区材料受压变短。

外区：板料在弯矩作用下，沿拉伸方向的外区纤维在预拉伸基础上进一步受拉伸长，应力、应变变化趋势如图 2.7 所示。该阶段外区应力沿路径 AB（箭头方向）变化，σ_b 和 ε_b 分别为包覆结束时 B 点对应的应力、应变值。

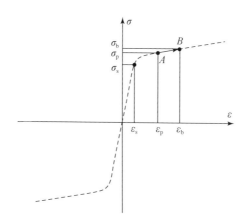

图 2.7　包覆阶段板料外区任意点的应力、应变变化

内区：板料在弯矩作用下，沿拉伸方向的内区纤维受压变短，应力、应变变化趋势如图 2.8 所示。板料包覆过程实际是内区反向加载过程，该阶段忽略反载软化现象，内区应力、应变变化有两种可能：

（1）如图 2.8（a）所示，板料包覆过程内区材料始终处于弹性变形状态；应力沿路径 AC（箭头方向）变化。该阶段应力值由 A 点的拉应力逐渐减小，根据板料弯曲程度不同，包覆结束时，一种可能是内区仍处于拉应力状态（0 点以上）。还有一种可能是应力值由 A 点的拉应力逐渐减小至 0，然后转变为压应力并逐渐增加，但包覆结束时尚未达到压缩屈服点（C 点）。总之，应力在 AC 区间变化时，内区材料始终处于弹性变形状态。

（2）如图 2.8（b）所示，板料包覆过程内区材料进入压缩塑性变形状态。应力由 A 点的拉应力逐渐减小至 0，然后转变为压应力并逐渐增加，达到 C 点后进入压缩塑性变形阶段，包覆结束时，应力达到 D 点。一般只有在厚板弯曲程度较大时，出现此种情况。

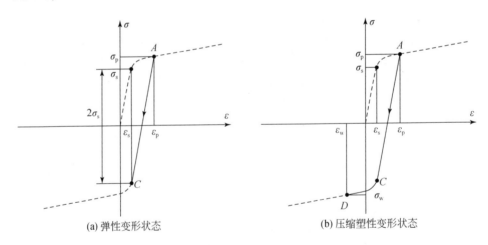

(a) 弹性变形状态　　　　　　　　　　(b) 压缩塑性变形状态

图 2.8　包覆阶段板料内区任意点的应力、应变变化

3. 补拉阶段

板料包覆结束后需要进行补拉，如图 2.9 所示。包覆过程外区受拉伸长，内区受压变短，卸载以后，由于弹性恢复作用，外区要缩短，内区要伸长，内外两区的回弹趋势都要使板料恢复平直，如图 2.9（a）所示，所以回弹量大。进行补拉后，使内外两区都处于拉伸状态，卸载以后内区、外区都要缩短，这样内外

两区的回弹趋势有相互抵消的作用，如图 2.9（b）所示，所以回弹量减小。

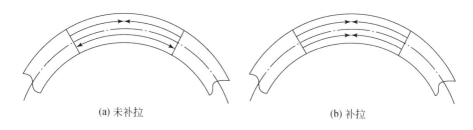

(a) 未补拉　　　　　　　　　　　　(b) 补拉

图 2.9　回弹趋势示意图

外区：补拉阶段板料外区继续受拉伸长，如图 2.10 所示，应力从 B 点开始沿箭头方向持续增加，其增量取决于补拉力的大小。

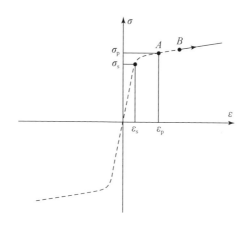

图 2.10　补拉阶段板料外区任意点应力、应变变化

内区：包覆阶段板料内区应力、应变变化有两种情况，所以补拉阶段应力、应变也分两种情况讨论，如图 2.11 所示。图 2.11（a）对应包覆阶段处于弹性变形状态的板料应力应变变化过程，该阶段应力沿 CA 方向变化，到达 A 点以后，板料再次进入拉伸塑性变形阶段，并沿 AB 路径增加。图 2.11（b）对应包覆阶段处于压缩塑性变形状态的板料应力、应变变化过程，该阶段应力沿 DE 方向从压应力转变为拉应力，由于加工硬化作用，到达 E 点以后，板料再次进入拉伸塑性变形阶段。

多点成形的主要特点如下：

（1）成形范围比较宽，可以进行中厚板成形；采用压边技术还能进行薄板多点成形；通过分段多点成形工艺能够实现大尺寸零件的成形。

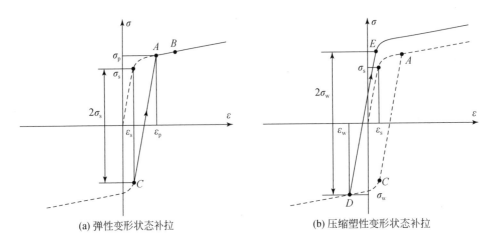

(a) 弹性变形状态补拉　　　　　　　(b) 压缩塑性变形状态补拉

图 2.11　补拉阶段板料内区任意点应力、应变变化

（2）结合闭环成形、多道成形、反复成形等技术可以消除回弹，进一步提高成形精度。

（3）容易实现单件、小批量零件的规范生产；生产大批量零件时可以实现模具成形方式的生产节拍与成形效率。

（4）设备的结构比较复杂，造价比较高。

（5）需要采用弹性垫技术消除压痕缺陷；不适合于形状复杂零件的成形。

2.1.3　板料连续多点成形

多点调形技术与连续成形技术的结合可以实现板料连续多点成形，如图 2.12 所示。其主要原理是，在可随意弯曲的成形辊上设置多个规则排列的、高度可调的控制点构成多点调整式柔性辊，通过调整控制点形成所需的成形辊形状，再结合柔性辊的旋转实现工件的连续进给与塑性变形，进行工件的无模、高效、连续、柔性成形。连续多点成形是一种全新的柔性成形方法，为板材三维曲面工件的生产加工提供了一种新的成形方法。

曲面板料连续多点成形工具为可弯曲柔性工作辊，而工作辊的调形、支撑及限位则需要调形单元来进行控制。经过调形单元调形后，柔性工作辊可以在横向上产生一个弯曲形状，而上下柔性辊共同组成一个不均匀的辊缝。成形过程中由于辊缝的特性，使得板料在厚度方向产生不均匀压缩。曲面柔性轧制中，由体积不变定律及最小阻力定律可知，由于板料的宽厚比很大，板料向两侧流动时阻力

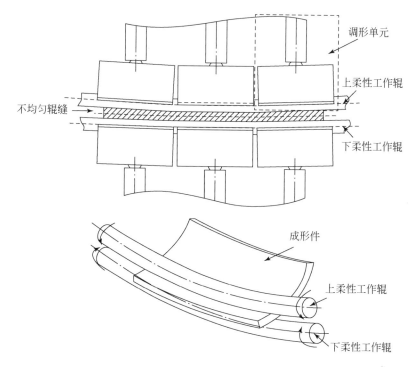

图 2.12　连续多点成形过程示意图

较大, 流动较少, 即宽展很小, 甚至可以忽略不计, 厚向压缩的体积可以看成均沿轧制方向延伸。不均匀压缩导致了横向各点沿轧制方向的延伸量不一致。这些不一致的纵向延伸不能独立进行, 为了维持板材变形的整体平衡, 板材内部相邻的部分便会产生相互的牵制作用, 即附加应力, 以保证整体的完整性。这个附加应力最终导致了板材沿轧制方向的弯曲。这样, 在横向与纵向弯曲变形的共同作用下, 随着上、下工作辊的转动, 板料在成形载荷与辊和板间摩擦力的作用下, 不断沿轧制方向进给并连续成形出具有双曲度特征的三维曲面板类件。通过改变工作辊的弯曲形状及辊缝的分布形式, 即可成形出不同形状的三维曲面板类件。

　　总体来看, 曲面板料连续多点成形过程中, 延伸率大的区域 (凸曲面件的横向中心区域、鞍面件的两侧区域) 受到相邻延伸率较小部分 (凸曲面件的两侧区域、鞍面件的横向中心区域) 的抑制而产生附加压应力; 延伸率小的区域受到相邻延伸率大的区域的牵拉而产生附加拉应力。受到两侧邻近区域的附加压应力与拉应力共同作用下, 板料内部伸长区受到的压应力逐步扩散, 使成形件整体近乎均匀地分布着以压应力为主的附加应力，如图 2.13 所示。这个附加应力使得板料沿轧制方向产生弯曲。横向各点伸长量不同而引起的附加应力将随着成形过程而逐渐趋于均匀。

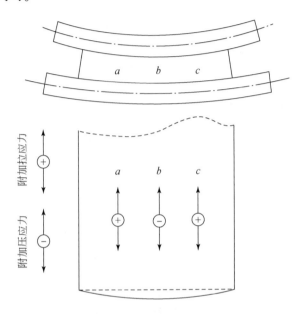

图 2.13　凸曲面件连续多点成形附加应力示意图

图 2.14 为曲面板料连续多点成形的变形区示意图。由图可知，经过入口端后的板料被压缩，再由出口端后产生所需的变形。

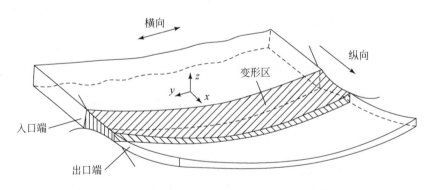

图 2.14　曲面板料连续多点成形的变形区示意图

如图 2.15 所示为轧制横截面上所取的变形微小单元。横向宽度很小时，工作辊与板料的接触曲线可以由直线代替。由图中可见，板料内部单元为三向压应力状态，第一主应力 σ_1 来源于工作辊的下压。第二主应力 σ_2 为板料沿纵向延伸时，纵向上受到邻近单元的相互作用产生的应力，σ_3 来源于沿横向两侧流动时邻近单元产生的反馈阻力。由图中压应力分布可知，板料虽然三向受压，但呈现不均匀状态，产生的变形也有渐变的趋势。显然在变形大的部分应力大，于是应力就沿着接触线呈现不均匀分布，致使板料沿横向的塑性流动阻力逐渐变大。由此可知，板料变形不均匀的直接后果就是板料在横向流动阻力不一致，使塑性流动越发困难。又由于薄板轧制其宽厚比很大，进一步加剧了变形阻力，由最小阻力定律可知，整体变形的结果就是板料的宽展很小。

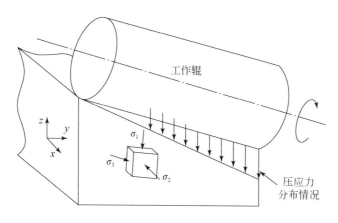

图 2.15　横向变形区应力分布图

板料在轧制方向上变形区的应力图如图 2.16 所示。板料从进入工作辊到成形结束的区域称为变形区，也就是工作辊对板料的作用区。对变形区内应力状态起主要作用的是工作辊作用在接触弧上的轧制压力和摩擦力，它们的大小和分布是不均匀的，所以变形区受力大小呈不均匀分布状态，但变形区内板料总的受力情况是呈三向压应力状态，因此变形抗力小，成形性好。变形区的板料在厚度方向上产生压缩变形，在轧制方向上产生伸长变形，而在横向上宽展很小。

综上所述，曲面板料连续多点成形过程中，板料在上、下工作辊间受轧制应力的作用发生塑性变形，在变形区呈三向压应力状态。应力状态的不均匀分布增大了板料质点的横向流动阻力，加之板料宽厚比较大，根据金属塑性加工时质点流动的最小阻力定律，不均匀分布的应力状态加剧了宽展进行的困难程度，所以曲面柔性轧制中，板料厚度方向的压缩变形主要转变成沿轧制方向的延伸，横向

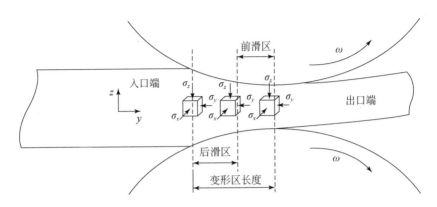

图 2.16　纵向变形区应力分布图

宽展很小，甚至可以忽略不计。

板料连续多点成形的技术特点如下：

（1）生产效率高：曲面柔性轧制属于连续成形的板材加工方法，效率远高于模具等传统成形工艺，而且成形过程属于静压成形，振动与噪声较小。

（2）成形尺寸大：曲面柔性轧制在成形长度大时，对质量影响较小，而且成形件通常不需要切边。

（3）成形质量好：曲面柔性轧制采用整体的柔性工作辊，表面硬度高且非常光滑，所以成形时，曲面件表面不易产生划痕，表面质量好，易于后续加工及处理。由于在成形过程中成形件发生了较大的塑性变形，所以与以弯曲为主成形相比，成形件回弹较小。

（4）设备成本低：曲面柔性轧制设备的核心为上下两根柔性工作辊，且工作辊上下对称布置；柔性工作辊容易制作，只需进行简单加工即可装备，通用性强，容易更换，因此设备简单，造价低。

2.1.4　型材多点柔性成形

型材多点柔性成形主要原理是通过调整一系列空间位置可调的多点模具，使其包络面分别在水平和垂直方向上构成目标零件所需的弯曲形状，通过驱动夹钳带动型材的贴模运动实现型材的二维或三维弯曲成形，如图 2.17 所示。柔性三维拉弯成形工艺同时满足了型材三维拉弯和制造业对柔性生产两方面的需求，为复杂截面型材成形复杂几何造型零件提供了一种新的生产方式。

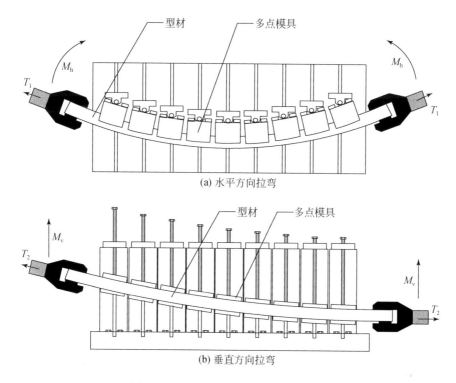

(a) 水平方向拉弯

(b) 垂直方向拉弯

图 2.17　柔性三维拉弯成形工艺示意图

柔性三维拉弯成形过程中，型材始终处于一个三维的应力、应变状态。为了方便理论分析，拉弯成形过程的力学分析是基于以下假设进行的。

（1）拉弯成形前后型材的横截面始终保持平面且垂直于纵轴；

（2）型材在拉弯成形过程中体积不发生变化；

（3）拉弯成形的应力状态是单向的，型材厚度方向上的应力应被忽略；

（4）采用弹塑性变形理论；

（5）材料是各向同性的、均匀的，不考虑各向异性。

型材柔性三维拉弯的目标形状包括直线部分和弯曲部分的几何结构。考虑到型材拉弯成形过程的对称性，选取整体模型的 1/2 进行说明，如图 2.18 所示。

图 2.18 中，l_b 和 l_e 分别代表型材的弯曲成形区长度和末端直线区长度。由于型材拉弯成形的工序包含预拉伸、弯曲拉伸和补拉伸，将总体的拉伸应变 ε^{gt} 表示为

$$\varepsilon^{gt} = \varepsilon^{pre} + \varepsilon^{in} + \varepsilon^{post} \tag{2.1}$$

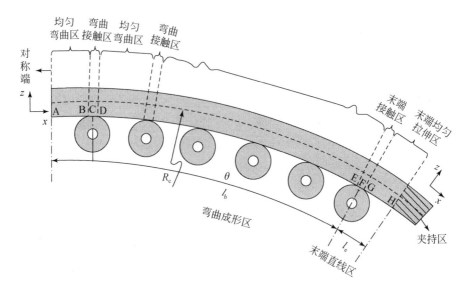

图 2.18　型材柔性三维拉弯成形区域划分

式中，ε^{pre}、ε^{in}、ε^{post} 分别表示型材拉弯成形过程中由预拉伸、弯曲拉伸和补拉伸成形产生的纵向拉伸应变的分量。假设应变历史不影响最终的应变分布，为了表示型材的平均总体拉伸应变，使用截面形心层的延伸率进行计算，如下式所示：

$$\bar{\varepsilon}^{gt} = \ln\left(1 + \frac{L_c - L_0}{L_0}\right) \tag{2.2}$$

式中，$\bar{\varepsilon}^{gt}$ 表示平均总体拉伸应变，L_0 表示型材的初始长度，L_c 表示型材拉弯成形结束后截面形心层的总长度，可通过下式计算得到：

$$L_c = l_b + l_e \tag{2.3}$$

式中 l_b 可由下式计算得到：

$$l_b = \theta R_c \tag{2.4}$$

式中，θ 代表弯曲角度，R_c 代表弯曲成形区截面形心层的弯曲半径。

可见，型材的拉弯成形的各个部分的变形是不均匀的。为了详细地描述各个部分的应变分布，将型材的三维拉弯成形区域划分为均匀弯曲区、弯曲接触区、末端接触区、末端均匀拉伸区等四个区域，这四个区域的定义如下[122]：

（1）均匀弯曲区：图 2.18 中，点 A 到点 B 的圆弧区域，该区域均处于均匀弯曲状态，是型材拉弯成形的弯曲变形区域。在弯曲成形区内，有多个与该区域一样的变形区域。

（2）弯曲接触区：图 2.18 中，点 B 到点 D 的区域，该区域是弯曲成形区内型材与辊轮式模具接触的区域，由弯曲 BC 圆弧和弯曲 CD 圆弧组成。同样地，在弯曲成形区内存在多个弯曲接触区域。

（3）末端接触区：图 2.18 中，点 E 到点 G 的区域，该区域由 EF 圆弧部分和 FG 直线部分构成，表示弯曲成形区到末端直线区的过渡部分。

（4）末端均匀拉伸区：图 2.18 中，点 G 到点 H 的直线段，该区域处于均匀拉伸状态，其长度由型材的目标形状和施加的拉伸力决定。

弯曲接触区和末端接触区的长度受型材的厚度、辊轮式模具的尺寸、弯曲半径以及整体的拉伸量影响，因此，应首先确定接触区的长度（l_j）。接触区的长度处于相邻均匀弯曲区之间、均匀弯曲区和末端均匀拉伸区间的过渡部分，需要定义一个参数 λ 把接触区的长度划分为两部分。假设型材与辊轮式模具的接触区长度是相等的，故位于接触区内的长度可以划分为 λl_j 和 $(1-\lambda) l_j$ 两部分[122]。各个变形区的坐标可以表示为：

$$\begin{cases} x_A = 0 \\[4pt] x_B = \dfrac{\theta l_b}{n} - \lambda l_j \\[6pt] x_C = \dfrac{\theta l_b}{n} \\[6pt] x_D = \dfrac{\theta l_b}{n} + (1-\lambda) l_j \\[6pt] x_E = l_b - \lambda l_j \\[4pt] x_F = l_b \\[4pt] x_G = l_b + (1-\lambda) l_j \\[4pt] x_H = l_b + l_e \end{cases} \qquad (2.5)$$

式中，n 表示 1/2 模型中模具的数量，x_i 表示 A 点到 H 点各个变形区域的坐标。

均匀弯曲区的纵向应变分布是纯弯曲变形和拉伸成形综合作用导致的，应用叠加原理如图 2.19 所示，可以表示为：

$$\varepsilon^b = \varepsilon^{pb} + \varepsilon^t \qquad (2.6)$$

式中，ε^b 为均匀弯曲区的纵向应变，ε^{pb} 为纯弯曲引起的纵向应变分量，ε^t 表示拉伸引起的纵向应变分量。

纯弯曲成形时型材的横截面任意位置 z 处的纵向应变 $\varepsilon^{pb}(z)$ 可以表示为：

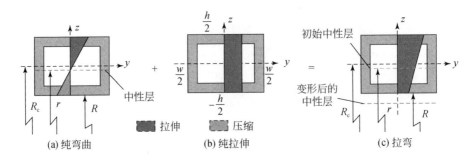

图 2.19　拉弯成形型材截面应变分布

$$\varepsilon^{\mathrm{pb}}(z)=\ln\left(1+\frac{d_z}{r}\right)=\ln\left(1+\frac{z-z_z}{R_\mathrm{c}+z_z}\right) \tag{2.7}$$

式中，r 是中性层的弯曲半径，d_z 表示从横截面上任意位置 z 到中性层的垂直距离，R_c 表示型材截面轮廓的形心层的弯曲半径，中性层位置的 z 坐标表示为 z_z。

由于型材弯曲半径远大于型材的厚度，可以忽略中性层的偏移。因此，纯弯曲引起的纵向应变分量可以写为：

$$\varepsilon^{\mathrm{pb}}=\ln\left(1+\frac{z}{R_\mathrm{c}}\right) \tag{2.8}$$

则均匀弯曲区的纵向应变可表示为：

$$\varepsilon^{\mathrm{b}}(z)=\varepsilon^{\mathrm{t}}+\varepsilon^{\mathrm{pb}}(z)=\ln\left(1+\frac{z}{R_\mathrm{c}}\right)+\ln\left(1+\frac{L_\mathrm{c}-L_0}{L_0}\right) \tag{2.9}$$

在末端均匀拉伸区内，型材的拉伸应变等同于型材弯曲的平均整体拉伸应变，表示为：

$$\varepsilon^{\mathrm{t}}=\bar{\varepsilon}^{\mathrm{gt}}=\ln\left(1+\frac{L_\mathrm{c}-L_0}{L_0}\right) \tag{2.10}$$

式中，ε^{t} 表示末端均匀拉伸区的纵向应变，$\bar{\varepsilon}^{\mathrm{gt}}$ 表示平均整体拉伸应变。

弯曲接触区和末端接触区的应变是不均匀的，为了描述接触区的应变变化，需要对型材与模具接触区的最外层应变和最内层应变分别进行分析。通过构造简单的线性方程，弯曲接触区的最外层应变可以表示为：

$$\varepsilon_{\mathrm{BD}}^{x,\mathrm{w}}(x)=\varepsilon_{\mathrm{D}}^{x,\mathrm{w}}-\frac{\varepsilon_{\mathrm{D}}^{x,\mathrm{w}}-\varepsilon_{\mathrm{B}}^{x,\mathrm{w}}}{l_\mathrm{j}}(-x+x_\mathrm{D}) \tag{2.11}$$

式中，上标 x 表示型材沿轴 x 方向上的任意截面，上标 w 表示弯曲接触区域的最外层，$\varepsilon_{\mathrm{BD}}^{x,\mathrm{w}}$ 表示弯曲接触区最外层的纵向应变，$\varepsilon_{\mathrm{D}}^{x,\mathrm{w}}$ 和 $\varepsilon_{\mathrm{B}}^{x,\mathrm{w}}$ 分别表示 D 点和 B 点的

最外层纵向应变。

同理，弯曲接触区域的最内侧纵向应变可以表示为：

$$\varepsilon_{BD}^{x,n}(x) = \varepsilon_{D}^{x,n} - \frac{\varepsilon_{D}^{x,n} - \varepsilon_{B}^{x,n}}{l_j}(-x+x_D) \tag{2.12}$$

式中，上标 n 表示弯曲接触区域的最内层，$\varepsilon_{BD}^{x,n}$ 表示弯曲接触区最内层的纵向应变，$\varepsilon_{D}^{x,n}$ 和 $\varepsilon_{B}^{x,n}$ 分别表示 D 点和 B 点的最内层的纵向应变。

假设型材横截面的应变分布是线性的，因此横截面上任意位置处的纵向应变可以表示为：

$$\varepsilon_{BD}^{x}(x,z) = \varepsilon_{BD}^{x,n}(x) + \frac{\varepsilon_{BD}^{x,w}(x) - \varepsilon_{BD}^{x,n}(x)}{h}\left(z-\frac{h}{2}\right) \tag{2.13}$$

式中，$\varepsilon_{BD}^{x}(x,z)$ 表示型材沿 x 轴方向上的横截面中 z 坐标处的纵向应变，h 表示型材的截面高度。同样地，E 点和 G 点之间的末端过渡区域型材横截面中任意位置 z 处的纵向应变可以计算为：

$$\varepsilon_{EG}^{x}(x,z) = \varepsilon_{EG}^{x,n}(x) + \frac{\varepsilon_{EG}^{x,w}(x) - \varepsilon_{EG}^{x,n}(x)}{h}\left(z-\frac{h}{2}\right) \tag{2.14}$$

式中，$\varepsilon_{EG}^{x,w}$ 和 $\varepsilon_{EG}^{x,n}$ 分别表示末端接触区最外层和最内层的纵向应变，可表示为：

$$\begin{cases} \varepsilon_{EG}^{x,w}(x) = \varepsilon_{E}^{x,w} - \dfrac{\varepsilon_{G}^{x,w} - \varepsilon_{E}^{x,w}}{l_j}(-x+x_E) \\[3mm] \varepsilon_{EG}^{x,n}(x) = \varepsilon_{E}^{x,n} - \dfrac{\varepsilon_{G}^{x,n} - \varepsilon_{E}^{x,n}}{l_j}(-x+x_E) \end{cases} \tag{2.15}$$

最后，型材拉弯成形在局部坐标系 x–z 中的纵向应变可表示为：

$$\varepsilon^{x}(x,z)\begin{cases} \ln\left(1+\dfrac{z}{R_c}\right) + \ln\left(1+\dfrac{L_c-L_0}{L_0}\right), & x_A \leqslant x < x_B \\[3mm] \varepsilon_{BD}^{x,n}(x) + \dfrac{\varepsilon_{BD}^{x,w}(x) - \varepsilon_{BD}^{x,n}(x)}{h}\left(z-\dfrac{h}{2}\right), & x_B \leqslant x < x_D \\[2mm] \quad\quad\quad\quad\vdots \\[2mm] \varepsilon_{EG}^{x,n}(x) + \dfrac{\varepsilon_{EG}^{x,w}(x) - \varepsilon_{EG}^{x,w}(x)}{h}\left(z-\dfrac{h}{2}\right), & x_E \leqslant x < x_G \\[3mm] \ln\left(1+\dfrac{L_c-L_0}{L_0}\right), & x_G \leqslant x \leqslant x_H \end{cases} \tag{2.16}$$

2.2　多点柔性复合成形的轨迹算法

国际标准化组织（ISO）在 1991 年颁布的工业产品几何定义的 STEP 标准中，NURBS 被定义为唯一的自由型曲线曲面表示方法。对 NURBS 曲面，不但可以通过修改控制顶点和节点矢量来修改曲面，也可以通过修改权因子来修改曲面，而且这种修改具有良好的几何性质。非均匀有理 B 样条（NURBS）曲面是当今最为通用的曲面造型方法。

多点成形涉及的板类零件都是三维曲面。通常，规则曲面可采用解析式表达，不规则曲面采用非均匀有理 B 样条（NURBS）进行几何描述。

2.2.1　成形表面的三维解析造型

非均匀有理基函数曲面（NURBS 曲面）常用于表面建模[41]。所有类型的自由形状曲面都可以表示为均匀 NURBS 曲面。一个 $m \times n$ 参数次数的 NURBS 曲面可以通过式（2.17）进行描述[38]：

$$P(u,v) = \frac{\sum_{i=0}^{n} \sum_{j=0}^{m} B_{i,k}(u) \, B_{j,l}(v) \, W_{i,j} \, V_{i,j}}{\sum_{i=0}^{n} \sum_{j=0}^{m} B_{i,k}(u) \, B_{j,l}(v) \, W_{i,j}} \tag{2.17}$$

式中，$V_{i,j}$ 代表 NURBS 曲面的控制点，u 和 v 参数方向上的控制点数分别由 n 和 m 定义，而 $W_{i,j}$ 代表相应控制点的权重，$B_{i,k}(u)$ 和 $B_{j,l}(v)$ 则定义为 u 和 v 参数方向上的 B 样条基函数，如式（2.18）所示：

$$B_{i,0}(u) = \begin{cases} 1, & u_i \leq u \leq u_{i+1} \\ 0, & 其他 \end{cases}$$

$$B_{i,k}(u) = \frac{u-u_i}{u_{i+1}-u_i} B_{i,k-1}(u) + \frac{u_{i+k+1}-u}{u_{i+k+1}-u_{i+1}} B_{i,k-1}(u), \quad k \geq 1$$

$$\frac{0}{0} = 0 \tag{2.18}$$

式中，u 是 B 样条函数的节点向量。

通常，两个相邻曲面之间有三种主要的连续性条件：位置连续性，也称为 G1 连续性（在边界处满足常见的节点向量、控制向量和次数）；切线连续性，即 C1 连续性；曲率连续性，这在曲面建模中需求最为广泛，即 G2 连续性。具有 G2 连续性的两个相邻曲面都是连续且平滑的。

为了实现切线连续性，这对曲面首先必须达到位置连续性，这意味着这两个曲面之间必须有一个公共边界，如图 2.20 所示。

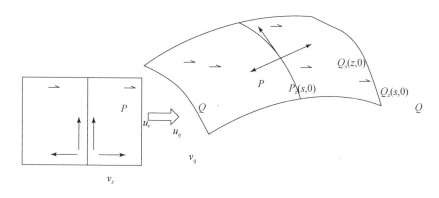

图 2.20　两个接合面的连续性情况

假设有两个相邻曲面：$\vec{P}(u_p; v_p)$ 和 $\vec{Q}(u_q; v_q)$，在参数空间中有一个共同的边界（如图 2.20 左侧所示），并且在实际模型空间中有一个共同的边界 $S = up = vq$（如图 2.20 右侧所示）。如果共同边界由均匀参数展开，则边界方程可以定义为式（2.19）：

$$\vec{P}_{(s,0)} \equiv \vec{Q}_{(0,s)} \tag{2.19}$$

根据切线连续性的定义，这对曲面沿着共同边界的微分系数必须相等；也就是说，$\vec{P}_{v_p}(s; 0)$、$\vec{Q}_{u_s}(0; s)$ 和 $\vec{P}_s(0; s)$ 必须在与图 2.20 相同的平面上。因此，公式（2.20）可以描述如下：

$$\vec{P}_{v_p}(s,0) + \lambda(s)\vec{Q}_{u_q}(s,0) + \alpha(s)\vec{Q}_s(0,s) = 0 \tag{2.20}$$

式中，$\lambda(s)$ 和 $\alpha(s)$ 可以是任何函数；然而，$\lambda(s)$ 不应等于 0。

为了实现曲率连续性，首先必须获得两个相邻曲面的切线连续性。Kahmann 和 Boehm 提出了两个曲面之间的曲率连续性方程[42,43]。对于具有切线连续性的两个曲面 P 和 Q，它们必须满足式（2.21）以实现曲率连续性[38]。

$$P_{vv}(s,0) + V(s)Q_{uu}(0,s) + \eta(s)Q_{us}(0,s) + \phi(s)Q_{ss}(0,s)\xi(s)Q_u(0,s) +$$
$$\sigma(s)Q_s(0,s) = 0 \tag{2.21}$$

式（2.21）表明，同一控制网中沿延伸方向的前两行控制点必须共面才能实现曲率连续性。因此，两个曲面对参数 s 的微分系数必须等于 0，即 $\eta(s) = v(s) = \sigma(s)$。

　　式 (2.21) 中，如果 $x\ddot{y}\xi(s)=0$ 则表示二次参数连续性，即 C2 连续性。由于曲率连续性比 C2 连续性要求更加灵活，$\nu(s)$ 和应设置为常数 $\xi(s)\ddot{y}$（分别为 ν_0 和 ξ_0）。

　　式 (2.20) 和 (2.21) 定义了两个相邻 NURBS 曲面的切线连续性和曲率连续性的连续性条件。从这些方程可以明显看出，为了构建连接基础曲面 $P(u, v)\ddot{y}$ 并在这两个曲面之间实现曲率连续性的过渡曲面 $Q(u, v)$，只需调整这两个相邻曲面的公共边界附近的两行控制点。

　　在大多数实际工程应用中，曲率连续性（G2 连续性）可以满足设计要求，因为这种连续性条件可以保证曲面的连接甚至是沿着公共边界的平滑性，而且如果通过几何条件来表达，G2 连续性可以很容易地理解和实现。

　　对几何条件的 G2 连续性的研究有助于简化过渡曲面的设计方法。

　　两个相邻 NURBS 曲面的 G2 几何条件可以重新表达如下：

　　(1) 这两个相邻 NURBS 曲面必须有一个公共边界，即首先达到位置连续性。

　　(2) 这两个曲面的控制点网格中的三条线必须共面。在共同边界上的同一点上，这两个曲面的切向矢量必须具有相同的方向和相等的值。

　　(3) 对于大于三次的 NURBS 曲面，杜平曲线必须相同。

　　多点成形设备中设有传统的坯料夹具，由四个平坦的矩形曲面连接在一起。主要目标是设计工件表面和坯料夹具表面之间的过渡曲面，使它们连续平滑，从而提高成形性并避免缺陷。桥梁曲面延伸方法可以用于设计工件表面和固定坯料夹具表面之间的过渡曲面。该方法改变了复杂的设计问题为寻找两个共面曲线之间的合适过渡曲面，从而简化了设计过程。

　　在多数实际工程应用中，曲率连续性（G2 连续性）是一种常见的表面连接要求。这意味着两个相邻的曲面在共同边界处不仅要具有相同的切线方向，还要具有相同的曲率。这种连续性要求保证了表面的平滑性，避免了出现明显的过渡边界，从而能够得到更高质量的成形结果。

　　总的来说，NURBS 曲面及其连续性条件在工程和设计中起着重要作用，可以帮助实现复杂形状的表面设计和连接，从而满足不同领域的需求，包括工件成形、产品设计和数字模型制作等。该方法将复杂的数学方程转化为三个曲面之间的简单可视化几何关系（原工件表面、过渡曲面和毛坯夹具表面），从而所有连续性条件可以通过调整相关的非边界控制点轻松实现。通过桥梁曲面延伸设计的过渡曲面包括以下三个步骤：

（1）定位坯料夹具的位置。

（2）建立原始过渡曲面。

（3）调整非边界控制点。

坯料夹具和工件的相对位置会影响工件的成形方向和冲程位移，因此也会影响成形零件的质量。这里，假设工件是静止的。定位坯料夹具的目标是优化夹具的位置以形成工件。通常，考虑到最小的行程位移和合理的冲头方向，最大投影面积被认为是坯料夹具的最佳位置。根据冲程限制和多点成形设备的尺寸，可以确定坯料夹具的尺寸以及夹具与工件之间的高度，然后可以得到夹具表面，如图2.21 所示。

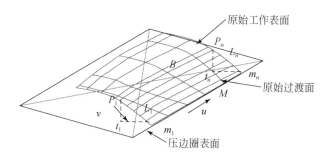

图 2.21 原始过渡表面

如图 2.21 所示，原始过渡曲面位于坯料夹具表面和工件表面之间。它是后续过渡曲面的原型曲面模型。调整一些控制点，方法如下：

首先将工件表面边界 B 的端点 p_1、p_n 投影到压边圈表面，得到投影点 t_1、t_n。然后将这两个点 t_1 和 t_n 投影到压边边界 M 上，从而得到该点的 m_1 和 m_n，如图 2.21 所示。线 m_1m_n 由 m_1 和 m_n 的端点形成，它们位于压边圈的边界处。根据对应工件边界 B 处的控制点数划分直线 m_1m_n；因此，得到一系列点 $M(n)$（$n=0$，1，2，3，$\cdots$，l），每个点 M_n 对应于工件边界 B 处的控制点 $B(n)$。B_n 和 M_n 描述了一系列线 $L(n)$（$n=0$，1，2，3，$\cdots$，l）。根据过渡表面建模所需的参数化程度划分每条线 $L(n)$。

假设参数次数为 m；用 i 个点将线段 $L(n)$ 分割，条件是 $i>m+1$。这些分割点 $V(i, j)$ 被视为原始过渡曲面的控制点。如果参数方向 u 是扩展方向，结节向量 $U(j)$ 必须与边界 B 的结节向量相同，以确保两个曲面共享同一个边界（边界 B）。

假设过渡曲面是沿着 v 方向由偶数次 B-Spline 基函数构建的，那么结节向量 $V(j)$ 可以由式（2.22）描述如下：

$$V(i) = \begin{cases} 0, & i \leq m \\ \dfrac{(i-m)}{N-m}, & m<i<N \\ 1, & N \leq i \leq N+m+1 \end{cases} \tag{2.22}$$

假设所有控制点的权重 $W(i, j)$ 均为 1.0。现在，所有的参数都已获得（例如：控制点、相应权重、u 和 v 方向上的结节向量以及曲面的参数次数），这样过渡曲面就可以表示为一个 NURBS 曲面。然后，原始的过渡曲面被构建出来。

上述构建的原始过渡曲面只能实现这三个曲面之间的定位连续性。为了确保连接曲面具有相同的边界，必须满足式（2.23）：

$$P_{H_{0,i}} = Q_{H_{0,i}}, (i=0,1,2,\cdots,n_q-1) \tag{2.23}$$

式中，n_q 是这两个曲面共享边界的控制点数量。

过渡曲面的控制点必须进行调整，以达到切线连续性和曲率连续性。只有在这些约束条件下，这三个曲面，工件表面、过渡曲面和保持板表面，才能相互平滑地连接。这两个曲面在共享边界处的切线向量可以用式（2.24）表示：

$$\begin{aligned} v_1 &= P_{H_{0,i}} - P_{H_{1,i}}, \\ v_2 &= P_{H_{1,i}} - P_{H_{0,i}} \end{aligned} \tag{2.24}$$

为了实现切线连续性，切线向量的值必须相等，即 $v_1 = v_2$。这也可以简化为式（2.25）：

$$Q_{H_{1,i}} = P_{H_{0,i}} + Q_{H_{0,i}} - P_{H_{1,i}} \tag{2.25}$$

从式（2.25）可以计算出过渡曲面的控制点 $Q_{H_{1,i}}$。如果没有特殊要求，这些新控制点的权重 $\omega Q_{1,i}$ 可以保持不变。根据式（2.25）更新控制点 $Q_{H_{1,i}}$，这两个曲面就可以实现切线连续性条件。对于一些控制点的跨度相当大的 NURBS 曲面，其过渡扩展曲面（过渡曲面）的控制点 $Q_{H_{1,i}}$ 离共享边界较远。因此，无法实现过渡曲面的公平性，会出现质量较差的过渡曲面。为了解决这种问题，必须在第一行和第二行的控制点之间插入点（$P_{H_{0,i}}$、$P_{H_{0,i}}$），根据与过渡扩展跨度相比较的跨度，可以使用更多的控制点来控制 NURBS 曲面（工件曲面），从而可以实现适当的控制点跨度，改善过渡曲面的质量。

图 2.22 显示了两个相邻 NURBS 曲面的控制点（原始曲面 P 和扩展曲面 Q）[38]。虚线的左侧是原始曲面，另一侧位于扩展曲面上。为了在两个连接的

NURBS 曲面之间实现曲率连续性，这两个相邻的控制点（$P_{H_2,i}$、$P_{H_1,i}$、$P_{H_0,i}$、$Q_{H_0,i}$（$P_{H_0,i} = Q_{H_0,i}$）、$Q_{H_1,i}$ 和 $Q_{H_2,i}$）必须在相同的控制网格上共面，这是 G2 连续性的前提条件。根据切线连续性，点 $P_{H_2,i}$、$P_{H_1,i}$、$P_{H_0,i}$、$Q_{H_0,i}$ 和 $Q_{H_1,i}$ 已经在同一个平面上，因此主要任务是将点 $Q_{H_2,i}$ 调整到该平面上。这里使用投影方法。将点 $Q_{H_2,i}$ 投影到平面上，得到平面上的投影点 $Q'_{H_2,i}$。根据上述分析，$Q'_{H_2,i}$ 可以通过式（2.26）计算得出：

$$V = (P_{H_0,i} - P_{H_1,i}) \times (P_{H_2,i} - P_{H_1,i})$$
$$Q'_{H_2,i} = kV' + Q_{H_2,i}$$
$$V = -V'$$
$$(Q_{H_1,i} - Q'_{H_2,i}) \cdot V' = 0 \tag{2.26}$$

过渡曲面位于工件和垫片表面之间，因此下一步是调整过渡曲面和垫片表面的边界外控制点，使这两个表面平滑连接。假设垫片是一个矩形平面，也可以表示为沿着延伸方向具有 k 参数阶数的 NURBS 曲面。k 值等于过渡曲面的参数阶数，以简化计算。使用上述的控制点调整方法，实现了过渡曲面和垫片之间的曲率连续性。

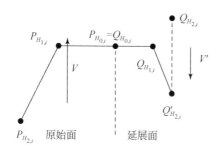

图 2.22　两个相邻 NURBS 曲面的控制点

图 2.23 显示了过渡曲面设计中使用的桥接延伸方法的示例。很明显，工件表面、过渡曲面和垫片表面平滑地连接在一起。

如图 2.24（a）所示，原始表面呈人体骨骼的形状，在车祸中断裂。在断裂后，常常在手术中用金属片替代。这块金属片厚度只有 0.1mm。然而，在多点成形设备（400mm×320mm 成形区域和 100mm 冲程范围）中直接成形会出现起皱甚至断裂。因此，直接制造是非常困难的。为了避免在制造这种类型的产品时出现这些缺陷，必须设计垫片以改善工件的成形性。然而，传统方法无法设计合理的过渡表面用以连接垫片表面和工件表面。图 2.24（b）显示了使用上述方法进

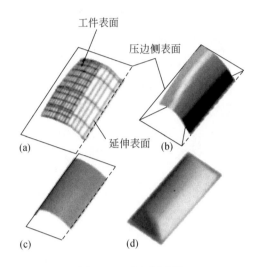

图 2.23　表面桥延伸

(a) 延伸表面的控制网格；(b) 延伸面的阴影模型；(c) 两侧延伸后的表面着色模型；
(d) 完全伸展后表面的阴影模型

行表面延伸后这三种类型表面的网格模型。很明显，这三种类型的表面平滑地连接在一起，并且它们之间达到了 G2 连续性条件。从图 2.24 可以看出，通过具有垫片的多点成形的设备成形的工件表面光滑，获得了高质量的产品。

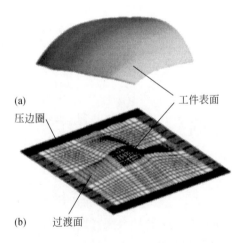

图 2.24　医学工程师使用的金属板零件的过渡表面设计

(a) 物体表面的阴影模型和 (b) 扩展的过渡表面的网格模型

2.2.2　成形轨迹的设计原则

1. 变形均匀化原则

板料在成形之后，成形件上各点的变形程度应尽可能均匀。

实际上均匀化的原则也适用于一般的板料成形工艺，只是由于受到工艺条件的限制，成形后均匀化的程度不同。

从理论上讲，渐进成形可以对板料上任何一点的变形进行控制，因此，能够较好地控制板料成形的均匀化程度。但是，在实际渐进成形过程中，由于事先预测变形比较困难，还由于边界条件对变形的影响等，变形均匀化也只能在一定程度上实现。

2. 板料的面内压应力最小原则

板料在渐进成形过程中，对板料的加载应尽量避免压应力的产生。这一原则主要是从防止板料整体失稳考虑的。在成形工具沿成形轨迹连续运动时，如果初始的压下量过大，将导致后续的成形在板料中产生较大的面内压应力，从而导致失稳并产生折叠。

2.3　多点柔性复合成形区域的变形协调机制

多点成形是一种全新的板料成形方式，利用多点成形的成形面柔性可重构的特点，可实现常规板料成形无法实现的新工艺，实现理想的成形效果，很适合于实现分段成形[108,122]，有利于充分发挥多点成形的柔性成形特点。

2.3.1　变形区域的划分及受力状态

分段成形可以定义为在不分离板料的前提下，通过改变基本体群成形面的形状，逐段、分区域地对板料连续成形，从而实现小设备成形大尺寸、大变形量的零件。分段成形将整体较大的变形分区域地实现，从而降低各个成形区的变形量，有利于实现各区域的无缺陷成形。但是由于分段成形工件的成形区域与未变形的刚性区域的相互影响，使工件的受力及变形情况复杂，成形质量及精度较难控制。

分段成形按照板料尺寸和成形方向，可分为单向分段成形与双向分段成形。如果板料某一方向的尺寸小于成形设备的最大成形尺寸，板料只需在一个方向进行分段成形，称为单向分段成形；如果板料任一方向的最小尺寸都大于设备的最大成形尺寸，则在板料的两个方向都需要进行分段成形，称为双向分段成形，如图 2.25 所示。

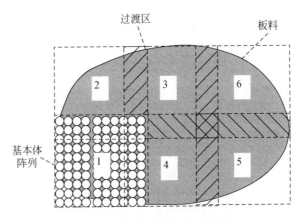

图 2.25　双向分段成形示意图

分段成形时，基本体成形面大致分为两种区域（图 2.26），即有效成形区成形面与过渡区成形面。有效成形区成形面与目标形状基本吻合，经有效成形区成形面压制后，板料达到成形件的目标形状。过渡区成形面并不是目标形状，板料经过渡区成形面压制后还不是最终形状，在下一步成形时还要进一步变形。

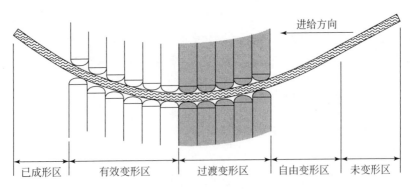

图 2.26　分段成形时基本体成形面两种区域示意图

与基本体成形面的区域相对应，板料变形分为 5 种区域：已成形区、有效变形区、过渡变形区、自由变形区和未变形区。板料各变形区由于受力状态不同，变形规律亦有明显差别。在分段成形过程中这几种区域相互关联、相互影响。

板料上直接和模具接触而成形的区域，称为强制变形区，这个区域是分段成形时的有效成形区；在相邻的区域板料由于受到变形连续的影响，形成了自由变形区；最后是没有产生变形的刚性区域，称为未变形区。强制变形区与自由变形区的连接区域由于形状差距，往往容易产生剧烈的塑性变形，产生严重的加工硬化，形成皱纹折痕等缺陷。由于多点成形基本体的离散性，这些缺陷难以在后续成形中消除。由于板料变形是连续的，因此强制变形区与自由变形区连接区域的相对变形越大，自由变形区的变形也越大。

如果能够减小连接区域的相对变形，甚至使连接区域小范围内无相对变形，则后次压制成形时，对已成形区的影响就可以减小。这就需要使强制变形区和未变形区之间能够均匀有效地过渡，充分利用自由变形区来实现均匀过渡变形。因此在一次压制区中设计过渡来分布连接区域的剧烈变形，就能够减小自由变形区的被动变形，使得板料变形均匀，被动变形量减小。

2.3.2　过渡区域设计原则及数学解析处理

过渡区是衔接有效成形区与未变形区的重要环节；过渡区成形面的几何形状对分段成形结果影响很大。过渡区设计不合理将产生起皱、过度的局部大变形甚至开裂，从而导致分段成形的失败。因此，过渡区设计是分段成形最关键的技术问题[111]。

过渡区变形协调设计是根据具体形状和变形确定的。如果目标变形使相邻区域变形程度较小，则过渡区较小，使有效成形区增大，有利于提高成形精度和效率。

设置变形路径的原则是均布局部塑性变形，使每段成形时都不产生局部剧烈的塑性变形与加工硬化。这样在下一段成形时，能提高成形质量和工作效率。过渡区关键是减少强制变形区与未变形区之间的曲率突变，使再次成形时过渡区的曲率与目标形状的曲率差距最小，这样有利于二道次成形时均布变形量。如图 2.27 所示球形面过渡区的三种设计方法，第一种由于过渡区较小，过渡剧烈变形的作用有限；第二种为正确的过渡区设计，在有效成形区和未变形区之间进行了曲率的均匀过渡；而第三种是经常容易陷入的误区，给出一部分多余的过渡区，导致板料进行多余的变形，过渡区曲率产生正-零-负值的变化，造成多余的刚性变形，不利于后续成形。

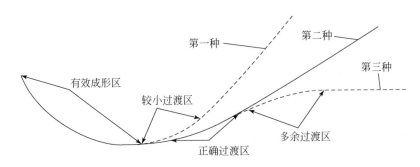

图 2.27　球形面的过渡区设计

通常，过渡区设计需遵循以下原则：

（1）单向分段成形：每段成形时只在一个方向有过渡区；

（2）双向分段成形：每段成形时在两个方向有过渡区。

设计基本体成形面过渡区形状的目的如下：

协调目标形状和坯料形状，使过渡区内变形均匀，避免局部剧烈的变形出现。

过渡区域的数学解析处理如下：

过渡区域可以描述为从目标形状边缘的截面线（一般为曲线）在过渡区的范围内均匀过渡到坯料的截面线（一般为直线）的问题。利用 NURBS 直接生成过渡区是一种比较简单、实用的成形面过渡区设计方法。

对单向分段成形，在坯料截面为直线的情况下，基于 NURBS 的过渡区设计原则如下：

（1）过渡区表面至少应保持 C2 连续；

（2）过渡区与工件成形区曲面连续：

要求过渡区表面与工件成形区相接的边界线应与成形区对应处的边界线重合。

（3）过渡区与未变形区曲面连续：

要求过渡区表面与坯料相接的边界线应与坯料对应处的边界线重合。所以过渡区的另一条边界线可以是直线，也可以是一条曲率较小的曲线。

（4）过渡区曲面与成形区曲面和未变形区曲面都应达到 G1 连续，即沿各公共连接线处具有公共的切平面。

2.3.3　成形路径的优化设计

板料成形过程中产生的起皱、压痕等缺陷主要源于变形不均。如果在保证零件最终形状的前提下，调整板料的变形路径，使各部分在成形过程中保持变形均匀或者最大限度地减小不均匀程度，则可以减少甚至避免成形缺陷的出现。

对于变形量较大的工件，可逐次改变多点模具成形的成形面形状，进行多道次成形。其基本思想是将一个较大的目标变形量分成多步，逐渐实现，用一步步的小变形，最终累积到所需的大变形，如图 2.28 所示。

多道成形是一种变路径成形方式，可以通过逐次改变成形面形状，用多点模具成形方法模拟多点压机成形过程；通过对成形路径的优化，能够实现大变形量的板料成形。

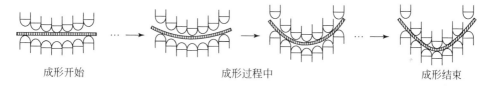

成形开始　　　　　　　　　成形过程中　　　　　　　　　成形结束

图 2.28　多道成形的工作过程

成形路径设计是多道成形需要解决的关键技术。通常有两种成形路径设计方法：

（1）纯几何方法：方法简单，应用方便。

（2）基于材料变形功的有限元分析方法。

图 2.29 为用于球面成形的不同成形路径对比图。图 2.30 为多道成形与一次成形的成形极限对比图。由图 2.29、图 2.30 可知，采用多道成形方法，沿着近似的优化变形路径进行板料成形，能够明显地抑制成形缺陷，使板料的成形能力比一次成形明显提高。实验表明，板料越厚，成形能力提高的幅度越大。

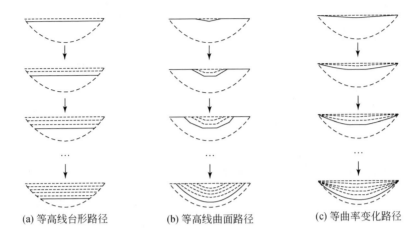

(a) 等高线台形路径   (b) 等高线曲面路径   (c) 等曲率变化路径

图 2.29   用于球面成形的不同成形路径对比图

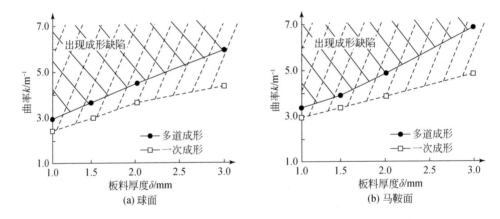

(a) 球面   (b) 马鞍面

图 2.30   多道成形与一次成形的成形极限对比

第3章　多点柔性复合成形工艺及其影响因素

多点柔性复合成形是一种创新性的新兴成形技术，在诸多行业的小批量、个性化产品生产制造中具有广阔的应用前景。但是多点柔性复合成形零件的表面质量、几何精度等性能受工艺方法及其成形参数的影响较大，需要依据实际情况选择最为合理的工艺参数组合。

3.1　板料渐进成形工艺

3.1.1　工艺过程

板料渐进成形系统主要由成形工具、导向装置、板料压板、支撑座和工作台等组成。成形工具在数控系统的控制下进行三轴联动，支撑座起支撑板料的作用。对于形状复杂的零件，该支撑座可制成简单的模芯，有利于板料的成形。板料被夹持在压板上，该压板能够沿固定导向装置沿 z 轴上下移动，如图 3.1 所示。

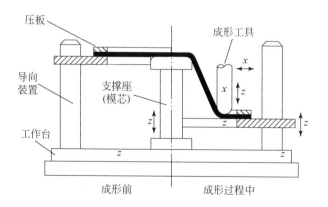

图 3.1　渐进成形系统结构示意图

成形时，被加工板料置于支撑座上，其四周用压板夹紧。数控系统按设定的程序控制成形工具下降一个步距，再沿事先设定好的轨迹运动，同时板料随压板一起下降一个相同步距。成形完一层后，成形工具沿横向移动一个步距，然后沿 z 轴下降一个步距进行下一层的成形。如此循环，最后将板料逐步压靠在模芯上，获得最终零件。

3.1.2　主要工艺参数

1. 弹性垫厚度

采用弹性垫技术时，弹性介质的变形可以充填基本体之间的缝隙，使集中载荷转变为分散载荷，显著增大板料与模具的局部受力面积，有效地抑制了渐进成形过程中的压痕产生。

为确定弹性垫的厚度与成形质量、成形精确度之间的关系，分别采用不同厚度（2mm、4mm、6mm、8mm、10mm）的弹性垫，对成形过程进行数值模拟分析。图 3.2 为采用不同厚度弹性垫时等效应力云图。由图可以看出，当采用 2mm 厚度的弹性垫时，成形件表面有轻微的压痕产生；当采用 4mm、6mm、8mm 和 10mm 弹性垫时，压痕缺陷被很好地抑制。因此，弹性垫必须达到一定的厚度才能够有效抑制压痕缺陷的产生。在图 3.2 的模拟条件下，弹性垫厚度 $h \geqslant 4$mm 时，压痕缺陷可以很好地被抑制[115]。

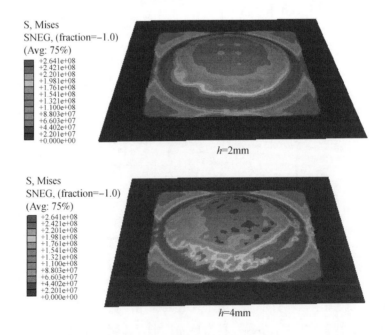

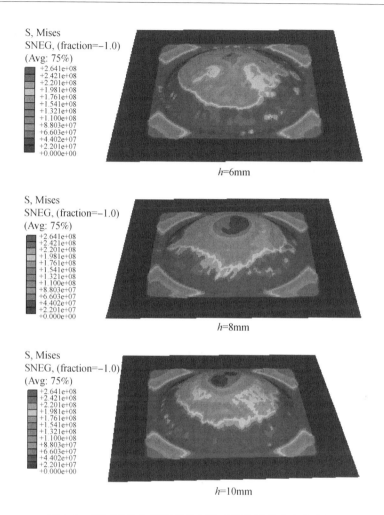

图 3.2　不同弹性垫厚度条件下的成形件等效应力分布图

2. 弹性垫形状

图 3.3 为采用平面弹性垫与采用球面弹性垫的渐进复合成形示意图，其中图 3.3（a）为采用平面形状弹性垫的渐进复合成形示意图，图 3.3（b）为采用球面形状弹性垫的渐进复合成形示意图。

图 3.4 为采用厚度为 6mm 的平面弹性垫和球面弹性垫数值模拟结果对比。从图中可以看出，采用厚度较大的球面弹性垫，板料在复合成形过程中不会产生附加变形。

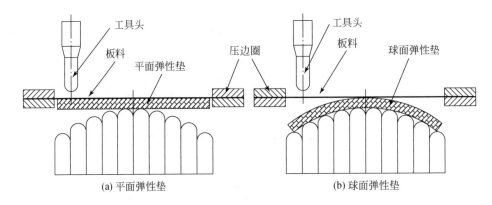

(a) 平面弹性垫   (b) 球面弹性垫

图 3.3 不同形状弹性垫的渐进复合成形示意图

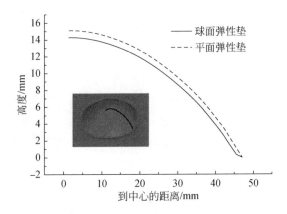

图 3.4 不同形状弹性垫数值模拟结果对比

3. 工具头进给量

工具头进给量是板料复合成形工艺过程的基本参数，表 3.1 列出进给量分别为 0.5mm、1mm、1.5mm 时，无支撑模具的斜壁圆盒形件、方盒形件数值模拟结果的最大等效应力和最小厚度值，工具头半径为 5mm，板料厚度为 1mm，进给方式采用螺旋进给。由表 3.1 可知，每个增量步的进给量越小，成形件成形性能和成形质量越好，但是成形效率也随之降低。因此板料成形时应根据成形件的要求，综合考虑成形质量和成形效率，选择适当的进给量。

表 3.1　不同进给量的影响

	进给量/mm	最大等效应力/MPa	最小厚度/mm
	0.5	247.8	0.743
圆盒形	1.0	254.2	0.729
	1.5	257.0	0.706
	0.5	258.7	0.711
方盒形	1.0	264.1	0.692
	1.5	269.4	0.680

4. 工具头进给方式

成形路径是板料复合成形工艺过程的重要参数，合理地选择成形路径可以有效提高板料的成形能力和成形质量。板料成形时工具头的进给方式可分为逐层进给和螺旋进给，表 3.2 列出进给方式分别为逐层进给和螺旋进给时，无支撑模具的斜壁方盒形件成形件数值模拟结果的最大等效应力和最小厚度值，工具头半径为 5mm，板料厚度为 1mm，进给量为 1mm。表 3.3 列出进给方式分别为逐层进给和螺旋进给时，有支撑模具的斜壁方盒成形件与圆盒形件的数值模拟结果的最大等效应力和最小厚度值，工具头半径为 5mm，板料厚度为 1.5mm，进给量为 1mm。通过对比可知，采用螺旋进给方式时，板料的成形能力较采用逐层进给方式有所提高，成形质量也较好。采用螺旋进给方式还可以有效避免采用逐层进给方式时，工具头在每层切入区域产生的塑性畸变。因此，成形过程应尽量采用螺旋进给方式。

表 3.2　不同进给方式的影响（无支撑模具的斜壁方盒形件）

进给方式	最大等效应力/MPa	最小厚度/mm
逐层进给	217	0.780
螺旋进给	223	0.771

表 3.3　不同进给方式的影响（有支撑模具的斜壁方盒形件、圆盒形件）

	进给方式	最大等效应力/MPa	最小厚度/mm
圆盒形	逐层进给	267.2	1.192
	螺旋进给	254.0	0.893

续表

	进给方式	最大等效应力/MPa	最小厚度/mm
方盒形	逐层进给	268.5	1.201
	螺旋进给	264.1	0.832

3.1.3 典型零件的应用

日本 AMINO 公司已经将柔性渐进成形用于汽车覆盖件的原型和小批量制造，利用渐进成形可以完成凸曲面、凹曲面等曲面成形以及切边、弯曲和卷边等工序，成形的典型零件如图 3.5 所示。日本还将柔性渐进成形应用于高铁列车车头蒙皮试制和地铁舱盖零件制造，如图 3.6 所示[129]。

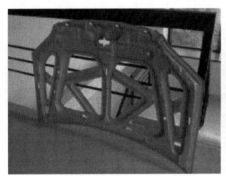

图 3.5   日本 AMINO 公司利用渐进成形技术开发的发动机罩内板、翼子板

图 3.6   柔性渐进成形在轨道交通行业的应用

3.2 板料多点成形工艺

起皱及拉裂一直是困扰板料成形的重要问题，压边时常有拉裂发生，无压边时易出现起皱。板料成形时可以有无数种变形路径，起皱是板料沿不良路径成形的一种现象。如果能够控制板料的变形路径，使板料沿着较优路径变形，减少变形不均，就能够抑制甚至消除起皱。传统的模具成形工艺由于难以控制变形路径，只能通过压边减少起皱。但由于压边力的控制不当，往往容易出现拉裂或者局部过度减薄，导致板料流动和变形不均。多点成形区别于传统模具成形的最大特点就是把模具离散化，因此多点成形的一大优势就是可以通过离散的基本体在成形过程中对板料进行实时控制，实现任意时刻对变形路径的控制。

3.2.1 工艺过程

以多点拉伸成形为例，其工艺过程主要步骤如下：

（1）多点模具调形。根据目标零件生成模具 CAD 模型，通过软件计算每个基本体单元高度，将数据信息传递给控制系统，通过控制系统调节基本体单元高度，构造出模具型面。过程如图 3.7（a）所示。

（2）板料预拉伸。使用两端等数量的夹钳夹持板料，通过水平液压缸施加水平拉力 F，使板料产生一定的伸长量，目的是使板料在平直状态就进入塑性变形阶段。该过程所有夹钳的钳口均处于平直状态。此过程前应该在多点模具表面放置一定厚度的弹性垫为抑制成形压痕做准备。过程如图 3.7（b）所示。

（3）板料弯曲。保持水平拉力 F 不变，通过倾斜液压缸和垂直液压缸施加拉力，使板料发生弯曲，夹钳通过自协调作用驱使板料逐渐贴合模具。此阶段，夹钳钳口随着板料贴模程度的变化发生相应的弯曲，弹性垫也随着板料发生弯曲变形。过程如图 3.7（c）所示。

（4）板料贴模。在三个液压缸的协调作用下，板料最终完全包覆模具，夹钳通过自协调作用完全顺应模具型面。此时，夹钳钳口沿横向排列成一条与模具横向曲率基本一致的曲线，弹性垫夹在板料与多点模具之间，起到了抑制压痕的作用。过程如图 3.7（d）所示。

（5）板料补拉。板料贴模以后，沿着当前拉力方向施加拉力 F_1 进行补拉，进一步改变板料内部应力分布，达到减小回弹的目的。补拉过程需保证 $F_1 > F$，

但 F_1 不能过大，如果 F_1 过大会造成板料拉裂危险，此时钳口弯曲形状不发生改变。过程如图 3.7（e）所示。

（6）板料卸载。补拉完成后，卸去三个液压缸压力，松开夹钳，夹钳回到初始位置，钳口呈一条直线，弹性垫恢复到原来的形状。由于弹性恢复，板料会产生少量的回弹。过程如图 3.7（f）所示。

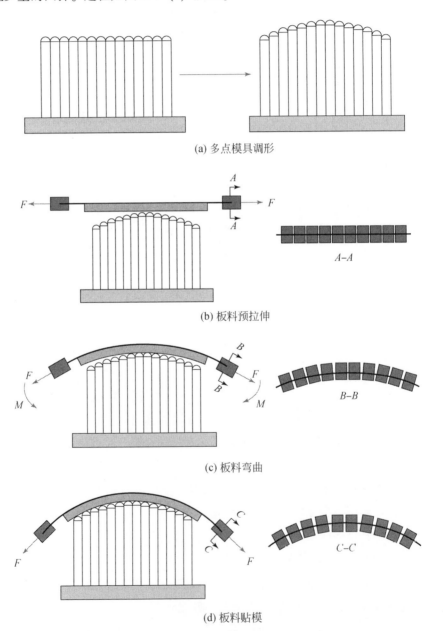

(a) 多点模具调形

(b) 板料预拉伸

(c) 板料弯曲

(d) 板料贴模

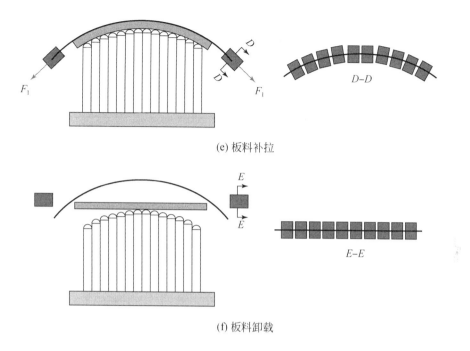

(e) 板料补拉

(f) 板料卸载

图 3.7　多点拉伸成形工艺主要步骤[117]

3.2.2　主要工艺参数

1. 夹持力

以球形件为研究对象，其半径为 $R = 300mm$，成形面积为 $300mm \times 300mm$。板材尺寸为 $440mm \times 300mm \times 1mm$，材质为 2024-O。采用矩形夹钳，夹料块尺寸为 $52mm \times 40mm$。分别对单个夹钳夹持力为 8kN、10kN 和 12kN 进行模拟。图 3.8 为球形件在不同夹持力时的应力分布云图，由图可知，当夹持力为 8kN 时，成形件发生皱曲，未完全贴模，这是因为实际拉形力大于夹持力与夹料块与板料之间摩擦系数的乘积，夹钳与板料脱离；当夹持力为 10kN 和 12kN 时，成形件都实现了完全贴模。夹持力为 10kN 时，球形件有效成形区的应力分布范围为 84.5 ~ 161.9MPa，最大应力在成形区；夹持力为 12kN 时，球形件有效成形区的应力分布范围为 88.2 ~ 174.0MPa，最大应力在过渡区钳口边缘。由此可知，在保证夹钳不脱落和工件完全贴模的情况下，较小的夹持力可以使成形件的应力分布更均匀，改善成形件的应力集中现象。

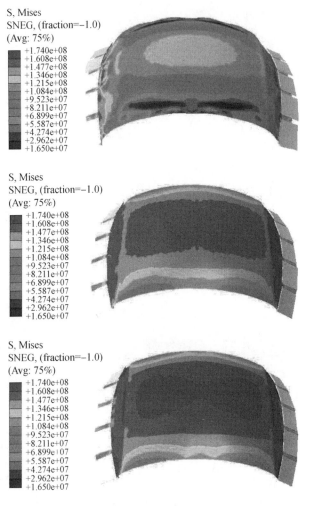

图 3.8　不同夹持力时的球形件应力分布云图

2. 夹料块形状

以鞍形件为研究对象，其半径为 $R=600\mathrm{mm}$、$r=300\mathrm{mm}$，成形面积为 $300\mathrm{mm}\times$ $300\mathrm{mm}$。板材尺寸为 $440\mathrm{mm}\times300\mathrm{mm}\times1\mathrm{mm}$，材质为 2024-O。分别对矩形夹料块、组合形状夹料块和梯形夹料块进行模拟。图 3.9 为矩形夹料块时鞍形件的应力和等效应变分布云图，图 3.10 为组合形状夹料块时鞍形件的应力和等效应变分布云图，图 3.11 为梯形夹料块时鞍形件的应力和等效应变分布云图。可以看出，矩形夹料块时，鞍形件的最大应力为 155.7MPa，最大等效应变为 0.1344；组合形状夹料块时，鞍形件的最大应力为 154.5MPa，最大等效应变为 0.1306；梯形夹料块时，鞍形件的最大应力为 153.3MPa，最大等效应变为 0.1276。由此可知，夹料块形状不同时，随着夹料块面积的减小，鞍形件的应力和等效应变也减小，但是减小的幅度较小。因此，在实际制造夹料块时，为了简化加工工序，一般选择矩形夹料块。

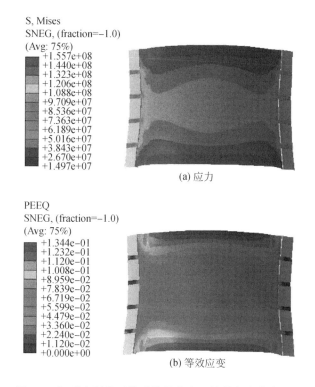

图 3.9 矩形夹料块时鞍形件的应力和等效应变分布云图

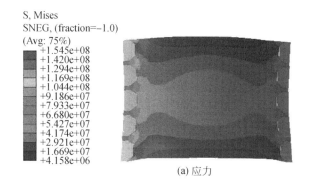

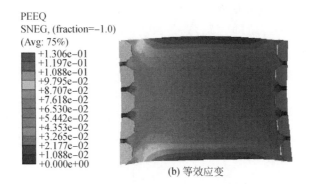

(b) 等效应变

图 3.10 组合形状夹料块时鞍形件的应力和等效应变分布云图

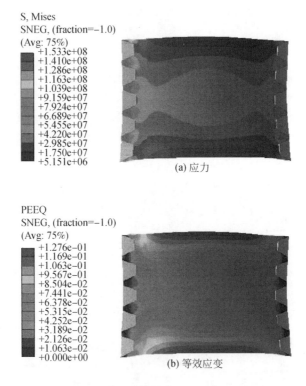

(a) 应力

(b) 等效应变

图 3.11 梯形夹料块时鞍形件的应力和等效应变分布云图

3. 夹钳数量

以复杂 M 形件为例研究夹钳离散程度对成形结果的影响。复杂 M 形件形模尺寸为 600mm×600mm，横向两个曲率半径分别为 200mm 和 200mm，纵向曲率半径为 1000mm，如图 3.12 所示；板材尺寸为 900mm×600mm×1mm，材质为 2024-O；采用矩形夹钳，夹钳个数 N 取 6、9 和 12 三种，相邻夹钳之间间距为 10mm。图 3.13 为不同夹钳数量时 M 形件应力分布云图，由图可知，夹钳个数为 6 时，成形件的夹持区出现应力集中，成形件下凹区域板料未屈服；夹钳个数为 12 时，M 形件的应力分布均匀。图 3.14 为不同夹钳数量时 M 形件沿标记线 DE 的 z 向坐标图，由图可知，夹钳个数为 6 时，成形件下凹区域未贴模；夹钳个数为 9 时，成形件下凹区域贴模较好，但是边缘部位未完全贴模；夹钳个数为 12 时，成形件完全贴模。这说明，在拉伸成形 M 形复杂曲面件时，夹钳数量越多，成形件贴模效果越好。

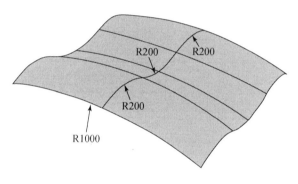

图 3.12　M 形件

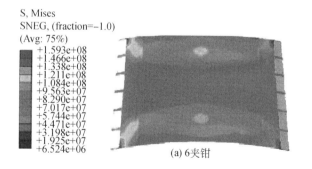

(a) 6 夹钳

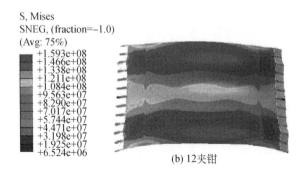

(b) 12夹钳

图 3.13　不同夹钳数量时 M 形件应力分布云图

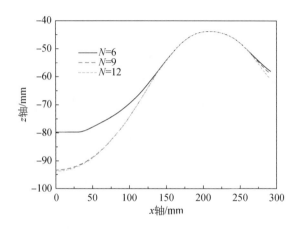

图 3.14　不同夹钳数量时 M 形件沿标记线 DE 的 z 向坐标图

4. 摩擦系数

图 3.15 为不同摩擦系数时鞍形件沿对称轴的拉伸应变分布图。由图可知，不同摩擦条件下，拉伸应变沿对称轴 OA 和 OB 的分布趋势一致，摩擦系数越小，整个板材上最大拉伸应变越小，拉伸应变分布越均匀。图 3.16 为不同摩擦系数时鞍形件沿对称轴的厚度分布图。同样，厚度沿对称轴 OA 和 OB 的分布趋势一致，摩擦系数越小，整个板材上厚度分布越均匀，最大厚度减薄量越小。这是因为摩擦系数越小，板料受到的摩擦阻力越小，板材内金属的流动性越好，导致成形件应变和厚度分布越均匀，成形质量越好。

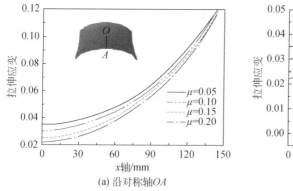

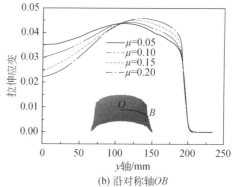

(a) 沿对称轴 OA　　　　　　　　　　(b) 沿对称轴 OB

图 3.15　不同摩擦系数时鞍形件沿对称轴的拉伸应变分布图

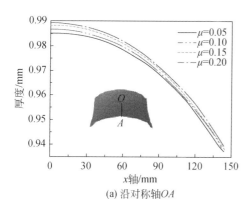

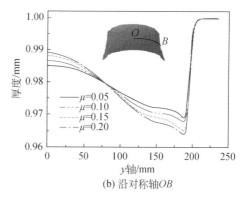

(a) 沿对称轴 OA　　　　　　　　　　(b) 沿对称轴 OB

图 3.16　不同摩擦系数时鞍形件沿对称轴的厚度分布图

5. 过渡区长度

增大过渡区长度有效减小最大拉伸应变，改善成形区的应变分布状况，可以使成形区的厚度分布更加均匀，从而有效降低板料拉裂的风险。图 3.17 为不同过渡区长度时球形件沿对称轴的拉伸应变分布图，由图可知，不同过渡区长度下，拉伸应变沿对称轴 OA 和 OB 的分布趋势一致；过渡区长度越长，最大拉伸应变值越小，成形区拉伸应变分布越均匀。图 3.18 为不同过渡区长度时球形件沿对称轴的厚度分布图。由图可知，不同过渡区长度时，厚度沿两条对称轴的分布趋势一致。过渡区长度越长，球形件厚度越大，减薄率越小，成形区厚度分布越均匀。这是因为过渡区长度越大，拉形力的传递更加均匀，导致成形件应变和厚度分布越均匀，成形质量越好。

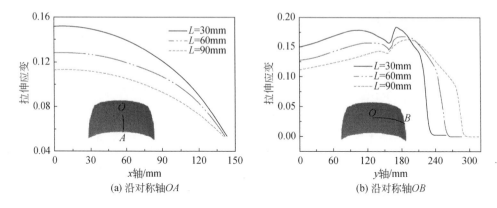

(a) 沿对称轴OA

(b) 沿对称轴OB

图 3.17　不同过渡区长度时球形件沿对称轴的拉伸应变分布图

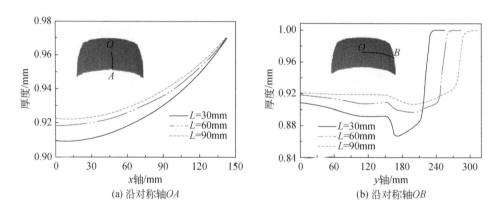

(a) 沿对称轴OA

(b) 沿对称轴OB

图 3.18　不同过渡区长度时球形件沿对称轴的厚度分布图

3.2.3　典型零件的应用

图 3.19（a）为北京奥运会鸟巢建筑工程用钢构箱型单元照片。鸟巢工程由大量的弯扭钢板结构件拼焊成箱型单元，其尺寸大、品种多、形状各异，单件生产的弯扭结构件个性化成形是突出的技术难题；采用多点数字化成形技术，圆满完成了大量个性化弯扭结构件的成形。图 3.19（b）为 0.5mm 薄板多点成形件照片。薄板在成形时容易起皱，而且还容易拉裂；采用柔性压边成形技术成功解决了薄板成形难题。图 3.19（c）为多点成形的板厚 50mm 的室温加工高强钢板曲面件。图 3.20 为正在加工中的铝合金型材和成形后带筋铝合金型材[107]。

(a) 鸟巢钢结构扭曲件成形

(b) 薄板柔性压边成形

(c) 高强度钢厚板成形

图 3.19　北京奥运会鸟巢钢结构单元等扭曲件

图 3.20　带筋铝合金件的多点成形

双曲率板材件对压成形与拉伸对压复合成形如图 3.21 所示，在成形 S 形复杂形面时，对压成形件存在起皱现象，这是由于板材金属流动阻力不均匀，在板料中边附近由于切向压应力的增加而导致起皱［图 3.21（a）］；采用拉伸对压复合成形的 S 型件不仅很好地抑制了图 3.21（a）所示的起皱现象，而且降低了成形件的回弹现象［图 3.21（b）］，这主要归因于板材水平拉伸过程对金属流动阻力的控制，以及对压成形过程对板材贴模率的提高。

双曲率金属板材件成形后，首先通过如图 3.22（a）所示的激光切割系统实现成形件的精确切割，切割后的板材件通过如图 3.22（b）所示的螺栓与结构框架进行连接，连接后的成形件通过如图 3.22（c）所示的拼接，装配在主体建筑物上，从而构成建筑物的三维曲面金属覆层。

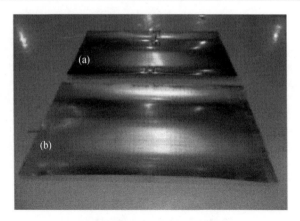

图 3.21　S 形面金属板材成形件图

(a) 对压成形；(b) 拉伸对压复合成形

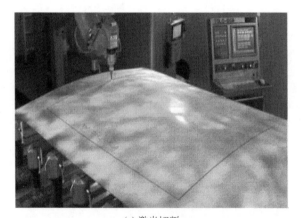

(a) 激光切割

(b) 螺栓连接

(c) 装配

图 3.22　双曲率板材件装配过程

如图 3.23 所示为 Zaha Hadid 设计的韩国首尔地标建筑——东大门公园广场的建筑覆层，该建筑的板材成形即使用了柔性拉伸对压复合成形系统。该建筑整体看起来既像宇宙飞船，又有些像海洋中的巨鲸，其占地 12 万平方米，分地下 3 层和地上 4 层，整体工程的三维曲面建筑覆层由 2 万多张曲面形状各异的双曲率金属板材件组成。

图 3.23　首尔东大门公园广场

3.3　板料连续多点成形工艺

为了显著提高板料柔性成形效率，大幅度降低生产成本，提出了三维曲面件柔性辊压成形思路。辊压成形可以采用可弯曲柔性辊作为成形工具，也可使用刚性的弧形辊实现三维曲面件的柔性成形。下面以基于刚性弧形辊的柔性成形为例进行介绍[112,114]。

3.3.1　工艺过程

以基于刚性弧形辊的柔性成形为例。刚性弧形辊轧机的一个辊设计成凸形辊，另一个设计成凹形辊；而且两个弧形辊的纵向圆弧半径有一定差值。因此，板料轧制时，其横截面的辊缝分布是变化的，而且随压下量的不同，其辊缝分布还产生变化；其结果在加工件的横向与纵向都产生弯曲，成形结果为三维曲面。

如果加工件的横截面中心区域的压下量大于左右区域的压下量，所成形的曲面呈现球形面如图 3.24（a）所示，如果加工件的横截面中心区域的压下量小于左右区域的压下量，所成形的曲面呈现鞍形面，如图 3.24（b）所示。

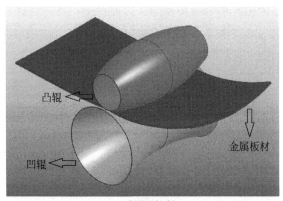

(a) 球形面轧制

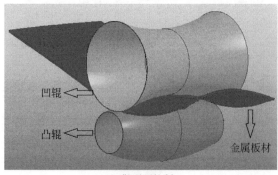

(b) 鞍形面轧制

图 3.24　刚性弧形辊轧示意图

3.3.2　主要工艺参数

1. 辊缝高度

辊缝高度在曲面柔性轧制中是十分重要的成形参数。如图 3.25 所示为辊缝高度减小后，实验件的对比图。由图中可以看出，随着辊缝高度的减小，纵向曲率增加，而横向不明显，图中看不出变化趋势[109]。

图 3.25　辊缝高度减小后的成形件形状

零件的纵向与横向中心线测量数据如图 3.26 所示。由图中可以看出，辊缝高度越小，则纵向曲率越大，而横向曲率都较小，变化不明显，也有曲率变大的趋势。

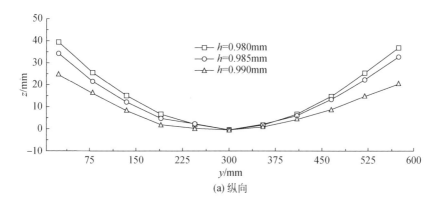

(a) 纵向

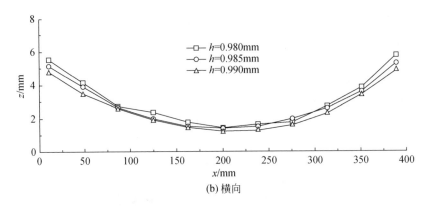

(b) 横向

图 3.26　辊缝高度对凸曲面件形状的影响关系

　　因此，辊缝高度对成形件形状有很大的影响，只有选择合适的辊缝高度值才会使曲面柔性轧制成形效果好。辊缝高度太大，成形效果不明显，两方向弯曲都较小。辊缝高度太小，易产生缺陷。辊缝高度减小，会使塑性变形增加。在厚度方向有更大的压缩量，而纵向则有更大的延伸。板料原始长度一致的情况下，延伸长的成形件纵向曲率就越大。而关于横向，则是塑性变形增大，回弹的效果减小，工作辊对板的束缚作用增大，因此曲率变大。横向左侧出现了一定程度的弯曲不均匀现象，是因为调形单元调节不均匀导致，也可能是测量时存在一定误差。如果将辊缝高度调节得过小，成形件变形程度过大，就会出现缺陷，而采用数控模式进行调形时，调形更加均匀，这些缺陷将会减少或消失。

　　2. 工作辊弯曲半径

　　曲面板料连续多点成形中，工作辊弯曲半径变大则辊缝各点差别变小，在最小辊缝高度相同的情况下，半径大者平均延伸量大，会导致纵向弯曲曲率大。另外，曲面板料连续多点成形得到的三维曲面板类件，其曲面高斯曲率保持不变。工作辊弯曲半径大，因为上下工作辊对板材的束缚作用，使得成形横向半径变大，则纵向弯曲半径变小。

　　如图 3.27 所示的成形件为弯曲半径逐渐增大时，板料的成形结果，其中 1 号成形件的工作辊弯曲半径为 R_1，2 号弯曲半径为 R_2，3 号弯曲半径为 R_3。由图中可见纵向曲率差别较明，而横向不明显。

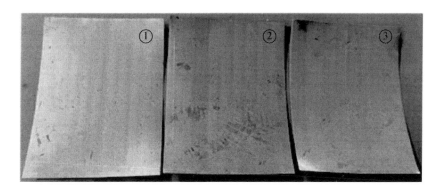

图 3.27　工作辊弯曲半径增加后的成形件形状

图 3.28 为三种凸曲面件的纵向与横向中心曲线曲率半径对比结果，其中 R_1 < R_2 < R_3。图 3.28（a）为三种凸曲面件的纵向中心线的曲率半径对比结果。从图中可以看出，成形件纵向中心线曲率增加。图 3.28（b）为横向中心线的变化情

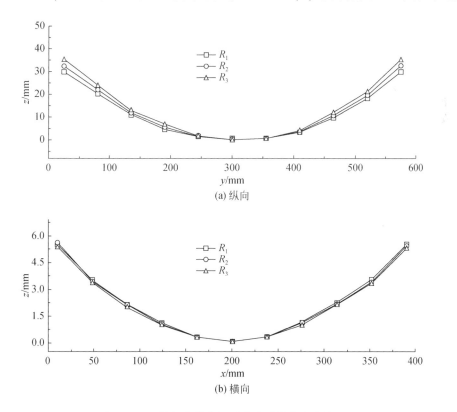

(a) 纵向

(b) 横向

图 3.28　工作辊弯曲半径对成形形状的影响关系

况，由图中可以看到，变化不明显。工作辊横向半径越小，成形件纵向曲率越小。

3. 板料厚度

板厚对成形件形状影响较大，测量了厚度分别为 1.0mm、1.5mm、2.0mm 的 2024-O 铝合金板，板长与宽分别为 600mm 与 800mm。辊缝高度为相对辊缝高度，即辊缝高度与板厚之间的比例关系是相同的。成形结果照片如图 3.29 所示，成形件厚度变化顺序与成形件序号变化一致，即 1 号成形件厚度为 1.0mm，2 号厚度为 1.5mm，3 号厚度为 2.0mm。

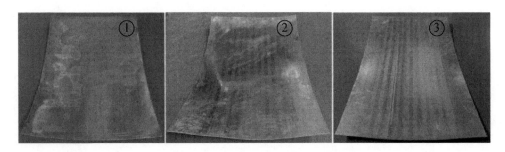

图 3.29　板料厚度增加后的成形件形状

图 3.30 为三种凸曲面件的纵向与横向中心曲线曲率半径对比结果。图 3.30（a）为三种凸曲面件的纵向中心线的曲率半径对比结果。从图中可以看出，成形件纵向中心线曲率随着板厚的增加而减小。图 3.30（b）为横向中心线的变化。

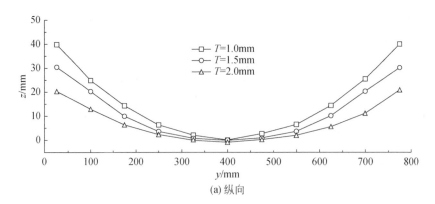

(a) 纵向

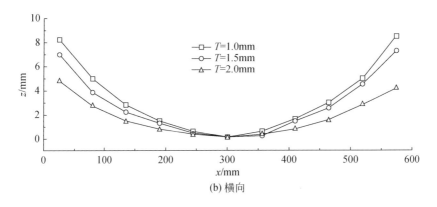

(b) 横向

图 3.30　板料厚度对成形件形状的影响关系

由图中可以看出，随着板材厚度的增加，成形件纵向形状更加均匀，曲线也更加光滑，但曲率也会随着板厚的增加而减小。这是因为相同的相对辊缝高度，板厚大时相当于减小了板材变形的量，因此变形程度减小，纵向延伸变小，曲率变小，但此时成形件的成形效果会优于板厚小的情况。同样，横向的效果依然没有纵向那么好，但在板厚大时也会优于板厚小的情况。因为变形程度小会使板料流动更加充分，即板料的自协调水平相应提高。相同的相对辊缝高度，板厚小对比于板厚大，相当于同板厚但辊缝高度减少，因此纵向与横向曲率均会增大，但同时也增加了缺陷出现的概率。凸曲面件的波浪缺陷随着板材厚度的增大逐渐减少，当厚度达到 2.0mm 时，凸曲面件的成形结果良好。

3.3.3　典型零件的应用

连续多点成形可以通过调整轧辊横截面的辊缝分布和压下量，只用一种组合的轧辊，就可以获得球形面鞍形面，而且可以获得多种曲率半径的加工件。如图 3.31 所示为刚性弧形辊轧机及使用不同厚度的板料获得的球形面和鞍形面零件照片，如图 3.32 所示为通过不同的压下量获得的不同曲率半径的加工件。

(a) 刚性弧形辊轧机

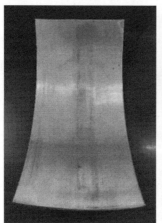

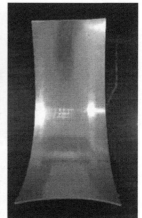

(b) 球形面加工件　　　　　　　　　(c) 鞍形面加工件

图 3.31　刚性弧形辊轧机及加工件

图 3.32　不同曲率半径的加工件

3.4　型材多点柔性成形工艺

　　型材拉弯主要是指型材在预拉伸至材料屈服极限前加载弯曲并保持一定的轴向拉力，使之压入模具的空槽内而成形的弯曲过程。工业应用最广泛的传统拉弯法只能用于制造二维平面变形的型材构件，难以成形具有三维空间构型的型材构件；并且所使用的型材成形模具为整体结构，模具成形轮廓面与型材变形轮廓曲线一致，如果型材的截面或曲率发生变化，则必须重新设计制造匹配的成形模具，导致模具的总体数量众多，整体造价昂贵。

　　传统的拉弯模具成形方法对于截面规则如"○"形、矩形的型材较为容易成形，对于截面类似于"T""F""E"等截面的型材则采用补充垫块的方法使截面外形转化成"○"形或矩形，即用多个小段补充垫块按一定的间距采用一定的固定办法与直线型材固定起来，再进行拉弯、扭转成形，成形后将补充垫块拆除。即相当于将型材弯扭成一段段折线段，成形后的型材折线痕迹过于明显，成形误差过大，拆卸补充垫块困难，需大量人工矫形和打磨，且对零件的机械强度有很大破坏，费工费时。由于目前的理论分析、经验系数和计算方法，无法给出准确的型材弯扭回弹系数，模具需要反复进行修整试验，生产周期长费用高。

　　此外，型材拉弯机对型材零件拉弯卸载后，拉弯零件会出现曲率半径回弹及角度回弹现象，为了有效地防止材料的回弹变形，拉弯成形要求精确控制拉弯机的拉伸力、拉伸速度、拉伸位移等工作参数，以便在精确控制工件的应力、应变以及应变速率下成形。尤其是具有空间构型的型材三维成形，其成形过程十分复杂，控制参数数量多，工艺窗口敏感，控制难度高。

3.4.1　工艺过程

　　型材的三维弯曲成形是将型材水平和垂直方向上分别形成不同弯曲几何形状的成形过程。基于离散后的多点模具，柔性三维拉弯成形工艺实现了型材水平和垂直方向一次性拉弯成形，如图 3.33 所示。由于增加了型材垂直方向的弯曲成形，因此柔性三维拉弯成形工艺较传统工艺更为复杂，成形过程概括为如下几个步骤：

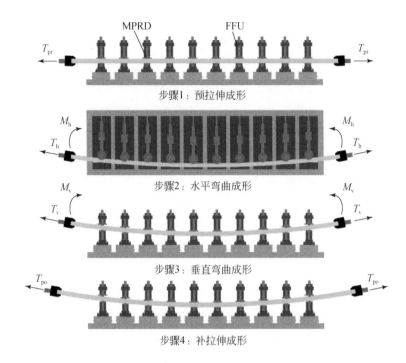

图 3.33　基于辊轮式基本体的多点柔性三维拉弯工艺的成形原理图[113]

1. 调形

多点基本体群是构成型材弯曲成形曲面的基本单元，在成形过程中，首先应调整各基本体的位置参数，使其包络面构成目标成形零件的几何形状。

2. 预拉伸

在轴向拉力的作用下，型材被预先拉伸至塑性状态。通过预拉伸过程的作用可以有效地减小成形件的回弹变形。

3. 扭转

制件毛坯预拉伸后，在贴合模具前，进行适当的扭转变形，扭转变形程度有限，但可以有效地提高如高铁列车车头骨架类弯曲件的结构强度，以满足成形要求。

4. 水平弯曲

在夹钳的带动作用下，型材逐渐与各基本体贴模，在水平方向上弯曲成形。

5. 垂直弯曲

当夹钳水平方向上运动至目标位置后，垂直方向上另一套液压系统会开始施加力矩，使型材在垂直方向上弯曲成形。

6. 补拉伸

补拉的作用与预拉伸的作用相同，都可以有效地减小成形件的回弹变形。但若使用过大的补拉力会引起截面的严重扭曲变形。

7. 卸载

卸除所有的外载荷，获得成形零件，完成型材柔性三维拉弯成形。

8. 测量回弹

对卸载后的成形件进行回弹测量，根据回弹数据对各基本体的位置参数进行调整，再次进行拉弯实验，直到成形件回弹误差小于规定范围值，获得符合加工标准的成形零件，这一过程一般三次之内就可调好。

3.4.2　主要工艺参数

高宏志等[38]基于拉弯成形工艺的主要特征提出了型材拉弯成形性的概念，可用来衡量拉弯成形过程中型材是否可以快速成形及成形结束后型材是否已达到成形要求，包括三种成形性的衡量标准：

（1）抗破裂性，指型材在拉弯成形过程中抵抗颈缩和破裂的能力；

（2）定形性，指型材拉弯卸载后保证其目标形状及尺寸不发生改变的能力；

（3）截面保持性，指型材在成形过程中维持原截面轮廓不变的能力。

选取 L 形截面型材作为研究对象，采用 6082 铝合金材料对基于辊轮式基本体的多点柔性三维拉弯成形的不同工艺参数与型材拉弯成形性的影响关系进行了研究。L 型材的长度为 3000mm，型材壁厚为 10mm，水平弯曲和垂直弯曲的目标半径分别为 3000mm、7000mm。

1. 预拉伸量

预拉伸成形可以使型材提前进入塑性状态，有利于型材的变形。

不同预拉伸量下 L 型材成形的应变云图如图 3.34 所示。随着预拉伸量的增加，型材整体的等效塑性应变值变大，型材整体变形更严重；型材与辊轮式模具的接触区的应变数值比非接触区大得多，预拉伸量由型材长度的 1% 增加到 4% 时，L 型材与辊轮式模具的接触区出现明显的应变集中。图 3.35 是在不同预拉伸量下的成形 L 型材的形状误差。随着预拉伸量的增加，型材的水平弯曲形状误差也逐渐减小。这是因为预拉伸量的增加使得型材提前进入塑性状态，水平和垂直弯曲成形过程中更好地贴近模具，变形更加均匀，因此提高了型材的形状精度。

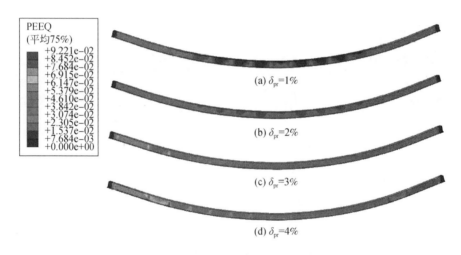

图 3.34　不同预拉伸量下 L 型材应变云图

2. 补拉伸量

补拉伸过程是型材三维变形的最后一步，因此，补拉伸量的大小对于型材的成形结果有重要影响。

不同补拉伸量下 L 型材的应变云图如图 3.36 所示。补拉伸量的变化对型材中部的应变影响较小，补拉伸量的增加导致型材两端的应变增加，并且靠近夹钳处的型材区域应变值最大。补拉伸量为型材长度的 3% 时，靠近夹钳处型材与模具的接触区应变值最大，局部变形尤为严重。因此，型材夹钳处的区域对补拉伸

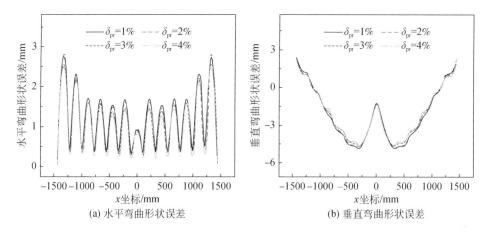

图 3.35　预拉伸量对形状误差的影响

量的增加尤为敏感，成形过程中增加补拉伸量时需着重考虑夹钳处的型材区域，以免产生拉裂、拉断缺陷。图 3.37 是不同补拉伸量对 L 型材形状误差的影响。随着补拉伸量的增加，L 型材的水平弯曲形状误差急剧增加，垂直弯曲形状误差也相应地不断变大。这是由于 L 型材在补拉伸的作用下沿轴向伸长一定长度，但是型材卸载后型材沿轴向弹性收缩，与未施加补拉伸之前相比型材由于弹性收缩作用会一定程度的偏离模具表面，造成形状误差增加。

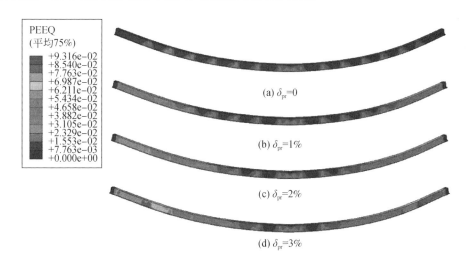

图 3.36　不同补拉伸量下 L 型材应变云图

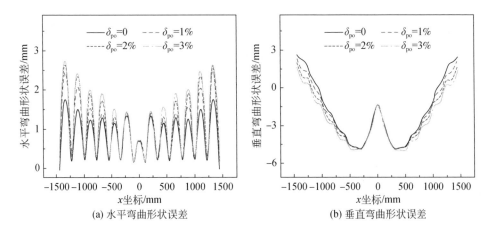

(a) 水平弯曲形状误差

(b) 垂直弯曲形状误差

图 3.37   补拉伸量对形状误差的影响

3. 基本体数量

基本体数量是多点柔性三维拉弯成形过程的主要工艺参数之一。图 3.38 是不同基本体数量下 L 型材的应变云图，可以看出，随着基本体数量的增加，排布构成的成形型面越来越逼近整体模具的型面，型材在水平弯曲和垂直弯曲的成形结果越来越逼近目标形状，单位长度型材与模具的相互作用更加充分，L 型材与

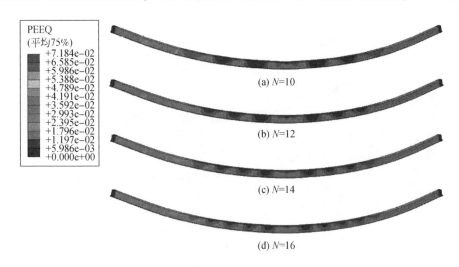

图 3.38   不同基本体下 L 型材应变云图

基本体包络面的非接触区逐渐减小，应变分布和变形更加均匀。当基本体数量由10 个增加到 16 个时，L 型材应变分布集中在 0.018~0.048 范围内，局部应变集中不再明显。图 3.39 是不同基本体数量下 L 型材沿路径 OA 方向的形状误差变化。随着基本体数量的增加，L 型材的水平弯曲形状误差显著减小，垂直弯曲形状误差随着模具数量的增加逐渐减小。因此，合理地增加模具数量有利于减小型材的形状误差。

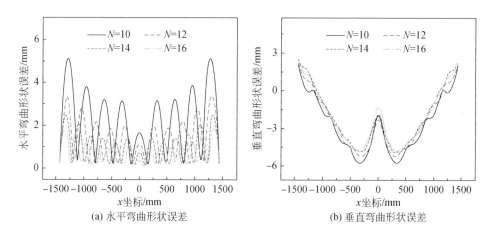

(a) 水平弯曲形状误差　　　　　　　　(b) 垂直弯曲形状误差

图 3.39　基本体数量对形状误差的影响

4. 摩擦系数

摩擦系数越大，型材拉弯成形过程中受到的摩擦力越大，阻碍型材运动，导致应变分布越不均匀。图 3.40 是不同摩擦系数下的 L 型材应变云图。与摩擦系数为 0.1 相比，摩擦系数为 0.2 的 L 型材与模具非接触区域型材变形不均匀，应变差值增加，并且靠近夹钳处的区域应变增大。因此，摩擦系数的增加导致 L 型材的应变分布变得不均匀。图 3.41 是不同摩擦系数下成形的 L 型材沿 OA 方向的形状误差曲线。随着摩擦系数的增加，型材的水平弯曲形状误差和垂直弯曲形状误差越来越大。因此，摩擦系数的增加增大了型材拉弯成形的阻力，增加了型材成形的形状误差。

3.4.3　典型零件的应用

如图 3.42 所示为高铁列车车头骨架变曲率支撑弯梁。通常每个车头的结构支撑由纵向 16 根、横向 126 根铝型材三维拉弯件组成。该类构件的主要特点是

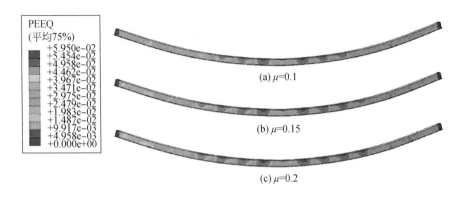

图 3.40　不同摩擦系数下 L 型材应变云图

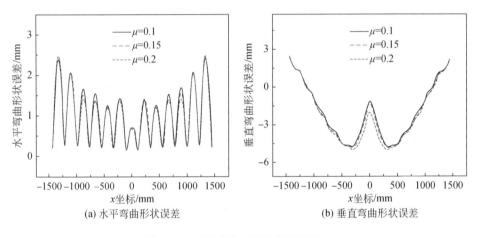

(a) 水平弯曲形状误差　　　　　　　　(b) 垂直弯曲形状误差

图 3.41　摩擦系数对形状误差的影响

尺寸长，截面形状复杂，具有三维空间的复杂构型，且曲率、截面变化多，精度要求严格，传统弯曲成形方法难以保证质量精度，甚至无法成形；装备投入大，模具成本高。吉林大学技术团队开发的型材多点柔性三维拉弯扭成形装备及配套工艺已经成功投入铝型材三维成形构件批量生产，并用于中车长客集团的高铁动

(a) 初始化调形的单元体群与预拉伸后的型材　　　　(b) 水平弯曲成形后

(c) 垂直弯曲成形中　　　　　　　　　　(d) 三维弯曲成形结束

(e) 不同曲率构型的支撑弯梁、模具单元体及检具

图 3.42　高铁列车车头骨架变曲率支撑弯梁

车车头骨架总装[110,113]。

3.5　多点柔性复合成形的材料选择

随着工业的不断发展，对多点柔性复合成形提出了越来越高的要求，不仅要求生产各种尺寸精度高、构型复杂的零件，而且对零件的一体化、轻量化提出了

更高的要求。因此，多点柔性复合成形的材料也由最初的钢材、铝合金逐渐拓展到镁合金、钛合金甚至复合材料等新兴的轻量化材料。

3.5.1　钢

不锈钢强度高、成形性好，是板料成形常用钢种，应用于航空航天、汽车船舶、建筑装饰等多个领域，如大型液体燃料运载火箭燃料容器、飞机起落架、轨道车辆曲面外板、透平叶片、三维曲面幕墙、不锈钢雕塑等。尤其在建筑装饰领域，不锈钢因其耐腐蚀、易清洁维修、使用寿命长，被广泛用于高层建筑的外墙、幕墙、电梯壁板等内外装饰及构件，美观且环保，使用量不断增加，市场份额逐年提高。随着市场竞争日益激烈，上述领域对不锈钢曲面件的需求向个性化和多样化方向发展。多点成形应用于不锈钢三维曲面件成形，能够明显提高生产效率，具有重大的实际应用价值。

不锈钢板料因铬等元素含量较高而具有抗腐蚀能力，能够抵抗空气、蒸汽和水等腐蚀介质的侵蚀，抗腐蚀能力的大小取决于合金元素的含量。根据不同的表面处理方式，可将不锈钢板料划分为不同的表面加工等级，建筑装饰用不锈钢板料根据用途的不同，对应粗砂到亮面的不同等级要求，代表牌号有 304、316、430 和 445 等。

不锈钢的力学性能决定了其成形性：抗拉强度、应变硬化指数和延伸率高，拉伸变形时塑性变形区间较大，应变硬化效应明显，均匀变形能力强；屈服强度高，弯曲变形时弹性变形比例较高，卸载后回弹量大。不锈钢的回弹特性严重影响了成形精度，甚至会影响装配，须采取有效措施对回弹进行控制[127]。

力学性能决定了材料流动和屈服的能力，因此不同材料对回弹的影响也不同。图 3.43 为 4 种不锈钢材料的应力应变曲线（409、321、304D 和 316L）。4种不锈钢材料的弹性模量和泊松比相同，屈服强度如表 3.4 所示，从表中可以看出，四种材料在屈服强度上存在明显差异，多点对压成形过程板料的塑性应变很小，塑性变形区域的应力值接近屈服应力，而回弹是应力释放的过程，因此屈服应力对回弹影响比较明显。

表 3.4　4 种不锈钢材料的屈服强度

材料牌号	409	321	304D	316L
σ_s/MPa	231	274	301	345

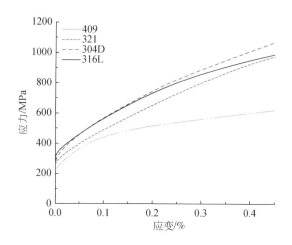

图 3.43 4 种不锈钢材料的应力、应变曲线

3.5.2 铝合金

在保证车身安全的提前下，减小车身重量可以达到汽车和轨道列车节能减排的目的，如何减小车身重量是目前亟待解决的问题。达到轻量化的目的方法主要有两种，一是选择高强度、低密度的材料，二是通过结构的优化设计实现。

铝合金材料具有自重轻、加工简便、良好的机械性能、再利用率高等优点，已被广泛应用于轨道列车、汽车、建筑、航空航天等领域。在汽车制造方面，铝合金框架的车身相比传统的车身材料可以减重 30% 以上。在高铁、地铁、轻轨等轨道列车制造领域，大型铝合金型材构成了车头骨架的主要结构件。而结构的优化设计往往依附于先进的制造工艺，先进的制造工艺不仅可以提升工件质量，还节约生产成本，提高加工效率。铝合金作为汽车和轨道列车领域的常用材料，具有优良的使用性能，也不断地推动着制造工艺的发展。柔性成形技术作为新一代材料加工技术已广泛应用于板材、型材等铝合金结构件的加工。

随着船舶制造向轻量化、高速化、大型化方向发展，具有小密度、大比强度、较好稳定性的铝镁合金成为替代船用钢材的优选材料。目前在船舶制造中 5083 铝合金使用得较多，但焊接后的矫形处理对制造精度的影响较大。1561 铝合金（俄罗斯牌号）相比 5083 铝合金具体更高的强度，采用 1561 铝合金作为船用材料将会提高舰船的质量和性能。目前已有 1561 铝合金船用外板零件在多点成形压力机上进行了多道次成形，成形件公差可满足±1mm 的技术要求[116]。

3.5.3　其他金属材料

1. 镁合金

镁合金具有质量轻、强度高、弹性模量低、阻尼减振性能好等优点，被称为21世纪绿色工程材料。同时镁合金储量丰富，分布在地壳和海水中，在电子通信、汽车工业、航空航天、国防军事等领域均有广泛的应用前景。根据化学元素不同，可以将镁合金分为镁铝锌（Mg-Al-Zn）合金、镁锂（Mg-Li）合金、镁锌锆（Mg-Zn-Zr）合金、镁锰（Mg-Mn）合金等。AZ31镁合金属于镁铝锌合金。其中Al可以通过固溶强化提高镁合金的强度，Zn可以提高合金抗蠕变性能，Mn可以去除杂质、细化晶粒。然而室温下的镁合金由于其基面织构较强，塑性和延伸性能较差，所以大部分镁合金的成形方式为高温环境下成形。此外，镁合金由于其强织构，拉伸与压缩的各向异性也是不可避免的，这都严重制约了镁合金的应用和推广[126]。

2. 钛合金

Ti-6Al-4V从材料的微观结构上讲属于 $\alpha+\beta$ 型钛合金。Ti-6Al-4V具有优异的生物相容性，在临床上广泛应用。在金属磨屑与巨噬细胞共同培养的实验中发现，钛合金能刺激巨噬细胞产生更多的骨吸收因子，这些细胞因子在植入物松动中起重要作用。Khan等证实Ti-6Al-4V在体液环境下有良好的耐腐蚀性能，同时证实该合金植入人体后固定效果更加牢固，术后感染机会减少。该合金材料在常温下的一般物理性能如表3.5所示，应力、应变曲线如图3.44所示。从表3.5可以看出，该合金的屈强比 σ_s/σ_b 大，同时伸长率低，说明允许的塑性变形区小，不易发生塑性变形而且容易断裂；硬化指数 n 很小，说明材料在成形过程中容易快速进入缩颈阶段，均匀变形能力差；厚度方向性系数 r 较大，说明材料在拉应力作用下不易变薄，但压缩时容易产生压缩失稳，产生皱纹。通过分析可知，

表 3.5　Ti-6Al-4V 钛合金材料的主要物理性能

材料名称	屈服强度 σ_s/MPa	抗拉强度 σ_b/MPa	伸长率 δ/%	硬化指数 n	厚度方向性系数 r
Ti-6Al-4V	830	965	14	0.1	1.8

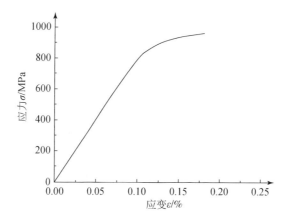

图 3.44　Ti-6Al-4V 钛合金材料的应力、应变曲线

钛合金板的成形性比一般金属要差很多，且容易发生起皱缺陷[125]。

3.5.4　复合材料

随着航空航天、轨道客车、汽车和船舶领域对轻质高强性能的不断追求，纤维增强复合材料在工业中的应用显著增加。这无疑归功于纤维复合材料的特性——纤维的高抗拉性能及树脂的低密度性能的良好结合。例如，空客 A380 大量采用了复合材料，复材占飞机结构重量达到 25%（碳纤维复材占比达到 22%），这有效地降低了机体重量、燃油消耗、废气排放等；而下一代超宽体客机 A350XWB 复合材料占比将达到 52%，波音 787 客机的襟翼、副翼和扰流板等部件，也都是由碳纤维复合材料制成。目前，机翼等主要承力结构是否由纤维复合材料制成，已经成为衡量飞机先进性的重要标准，相关研究已成行业热点。

两种及两种以上材料的复合可以使材料在保证力学性能的同时获得某些功能特性，例如导电性能、隔热性能及隔声性能等。但是，纤维复合材料也因其片状的各向异性导致其成形性能远不如金属材料。在复合材料的应用领域中，常见的零件类型大多为曲面形状，这就对成形模具提出了更高的要求，通过将曲面离散为多个不连续区域而开发的可重构模具可以有效拟合曲面，从而实现多样式可重复的纤维增强复合材料曲面零件成形。

目前常用的纤维增强复合材料曲面零件的成形工艺主要有多点成形、渐进成形。纤维复合材料曲面的多点成形是由离散的基本体元件组成，上面覆盖着柔性橡胶类材料薄片，提供所需的连续表面。形状是通过使原始材料（通常以可变形板的形式）符合工具的相对刚性表面而形成的。对于渐进成形来说，进给量及进给方式、初始板厚、成形温度、侧壁角度和纤维增强复合材料的铺层方式都是影响复合材料成形性的重要工艺参数[106]。

目前，纤维复材曲面多点柔性成形仍存在若干挑战，如何抑制多点离散单元在纤维复材成形过程中产生的表面压痕和型面偏差最为关键。

第4章　多点柔性复合成形技术的数值模拟

在现代金属塑性成形技术中，研究的主要方法之一是对材料加工过程的数值模拟。近年来，随着计算机技术飞速发展和大变形弹塑性有限元方法日趋成熟，数值模拟逐渐成为工业领域的一种主要分析方法，在塑性加工的研究中已得到广泛应用。模拟计算作为成形试验的有效辅助手段，可以探索成形工艺参数对成形结果的影响规律，即通过对成形件内部应力、应变场的有限元分析，更好地理解材料的变形规律，发现容易出现缺陷的位置和产生原因，从而指导实际生产并简化成形试验。

有限元模拟是利用数学近似方法对真实的物理系统进行模拟，它是建立在"性能相似"的基本原则之上，具有非实时性和离线的特点，是一种经济、快捷与实用的模拟试验方法。采用合理的有限元模型对新工艺、新方法进行模拟并根据成形原理进行分析，可以提高设计和制造水平，降低生产成本，保证塑性成形产品的质量，并显著缩短研发周期，为适应现代制造业产品多样化、更新换代快等特点提供了有力保障。

塑性成形过程模拟技术经历了几十年的发展，国际上已出现了一批塑性成形模拟软件，大致可以分为两类。一类是将通用有限元软件的功能扩充后用于塑性成形过程模拟，如集成了 LS-DYNA3D 及 LS-NIKE3D 的 ANSYS 和 ABAQUS 等；另一类是专门为塑性成形模拟开发的软件，如主要用于体积成形和热处理分析的DEFORM，用于冲压成形包括液压胀形模拟的 DYNAFORM、AUTOFORM、PAM-STAMP、OPTRIS 等。这些软件采用的有限元求解算法各有特点，如 DYNAFORM是采用显隐耦合算法，AUTOFORM 采用全拉格朗日列式的静力隐式算法。这几种软件都具有与 CAD 软件的接口以便与冲压工艺和冲模设计相衔接，接口文件格式有 IGES、VDAFS、NASTRAN 等。为了全面支持冲压工艺和模具设计，都不同程度地提供自动生成和交互修改压料面工艺补充部分和拉延筋的手段，使用户输入零件几何模型后就能利用软件进行成形分析。除了通常的用于进行详细分析的有限元增量算法以外，这些软件大都提供可快速进行成形分析并预测毛坯形状的逆算法，都支持包括压边圈、夹紧、拉延、修边、翻边在内的多工序成形过程以及回弹过程的模拟，提供对工艺参数和几何参数进行优化计算的模块。后处理除了提供通常的位移、应变和应力分布以外，还能根据模拟计算结果给出成形极限分析、冲压工艺性分析、模具受力、相对滑动等许多专业性的分析结果，极大地方便了对冲压成形过程规律的理解。另外冲压成形分析结果可以 NASTRAN 等格式输出用于强度和碰撞等分析。

4.1　多点柔性复合成形常用数值模拟软件概述

4.1.1　ABAQUS 有限元软件

　　ABAQUS 有限元分析软件由于其强大的计算能力被广泛应用工程模拟中，它既能解决简单的线性问题，又能精确求解许多复杂的非线性问题，例如静态应力/位移分析、耦合分析、质量扩散分析、疲劳分析等。ABAQUS 优秀的分析能力和可靠性使得它在大量科研和工程中发挥着巨大的作用，完整的 ABAQUS 分析过程通常由前处理、模拟计算和后处理三个部分组成。

　　前处理：将实际物理问题简化处理，建立相对应的有限元模型，使用ABAOUS/CAE 模块生成一个输入文件用于模拟计算。

　　模拟计算：使用 ABAQUS/Standard 模块或 ABAQUS/Explicit 模块对输入文件进行求解，完成计算所需的时间取决于网格的密度和计算机的算力。

　　后处理：使用 ABAQUS/Viewer 模块对计算完成后的结果文件通过动画、云图或曲线等形式表现出来，用户根据需求对模拟结果进行评估。

　　ABAQUS 主要包括 ABAQUS/Standard 求解模块和 ABAQUS/Explicit 求解模块。两个求解模块的功能不同，模拟分析中第一步是要根据实际问题选择合适求解模块，这是精确解决问题的关键一步。

　　ABAQUS/Standard 求解模块提供了丰富的材料模型和单元库。求解时采用隐式算法，采用一般过程或者线性摄动过程进行分析，对时间增量没有限制，求解时增量步间需要进行迭代，同时每个增量步都需要求解线性方程组，因此会占用大量的磁盘空间和内存。ABAQUS/Standard 求解模块适用于线性和适度非线性响应问题，如静力、动力、电等问题。

　　ABAQUS/Explicit 求解模块提供了允许材料失效模型和适用于显示分析的单元库。求解时采用显示算法和一般过程进行分析。一般需要较多的时间增量完成指定分析，增量步间无需进行迭代，而是通过前一增量步显示的前推动力学状态进行求解。同时，对各部件间的复杂接触能够自动分析出接触对。ABAQUS/Explicit 求解模块适用于短暂、瞬时的动态事件的非线性力响应问题，如冲击、爆炸等。

　　ABAQUS 的分析处理功能强大的原因也在于两个求解模块可以相互配合，可以将一种求解器的分析结果设置为预定义场作为另一种求解器的初始状态后继续模拟，从而各自发挥自身的优点以提高计算精度和计算效率，例如计算关于静力和预紧力相结合的问题。

　　柔性多点成形过程是复杂的非线性大变形过程，因此适于选择 ABAQUS/Explicit 求解模块进行模拟分析。

4.1.2　DYNAFORM 有限元软件

　　LS-DYNA3D 是美国 Lawrence Livermore 国家材料实验室开发的几何大变形、非线性材料和接触摩擦滑动边界的三重非线性动力学分析程序。LS-DYNA3D 起源于动力冲击问题，但近年来已成功地应用于薄板成形的分析中。它具有弹塑性本构材料模型和各向异性材料模型，可用来分析薄板的各向异性性质。库仑摩擦算法和丰富的接触算法可用来处理任意复杂的三维接触面问题。为了处理薄板成形问题，LS-DYNA3D 具有多种函数和特性以满足数值分析的需要，如网格自适应、CAD 模型接口、大规模并行机（MPP）算法等。LS-DYNA3D 最大特点是版本更新速度快，它能将计算机技术和有限元方法的最新进展迅速地应用于程序中。最新版本的 LS-DYNA3D 具有 160 多种材料模型、50 多种接触类型和极好的并行计算能力，在兵器、宇航、汽车、核工业部门得到了广泛的应用。

　　基于 LS-DYNA3D 内核的专业板成形分析软件 DYNAFORM，能够解决复杂的板成形工艺，应用极为广泛。DYNAFORM 在现有板成形分析软件原有的显式基础上增加了隐式分析功能，可以实现板成形从冲压到回弹的完整工艺过程模拟，显隐式分析做到无缝转换，从而令板成形仿真更为便捷和高效。目前在国内的一汽、宝钢、上海汇众等知名企业得到了成功应用。

4.1.3　ANSYS 有限元软件

　　ANSYS 软件是美国 ANSYS 公司开发的大型通用性有限元分析软件，能够进行包括结构、热、声、流体以及电磁场等诸多学科的研究，在核工业、轨道交通、石油化工、航空航天、机械制造、能源动力、国防军工等众多领域有着极为广泛的应用。ANSYS 作为一款经典的有限元分析软件，功能非常强大，操作简便，可以便捷地使 CATIA、UG、Pro/Engineer、NASTRAN、Auto CAD 等主流软件接口完成数据共享与交换。

Workbench 是 ANSYS 公司开发的新一代协同仿真环境，与传统 ANSYS 工作环境相比，Workbench 实现了多学科的集成化 CAE 协同仿真平台，Workbench 与 CAD 软件的双向传输性更加优越，具有复杂装配件接触关系的自动识别、接触建模等功能，并可以对复杂的几何模型进行高质量的网格处理，自带可定制化的工程材料数据库。用户在 ANSYS Workbench 中可以通过指定模块选择进行结构静力学、结构动力学、刚体动力学、流体动力学、电磁场、热力学、声学以及耦合场等工程领域的分析，并且还可以实现结构的优化设计。

4.2　基于压力场分布的多点柔性复合成形过程仿真

数值模拟方法分析金属塑性成形过程不仅节省了大量的实验资源，还缩短了工艺产品的研发周期，提高了生产效率，在工业领域越来越受到重视。

回弹是板材塑性加工过程中普遍存在的现象。在多点柔性成形过程中，板材发生塑性变形的同时伴随着弹性变形。当板材加工成形后，外加弯矩卸载，工件的形状会发生弹性恢复，造成工件形状与目标形状之间存在误差，这种差异会给产品带来质量问题和装配困难。传统的回弹预测方法主要是基于经验和反复的工艺试验来获取回弹量，然后进行回弹补偿控制，这种方法需要先设计与制造出大量的样件，将会耗费大量的时间和物力。而现代制造业要求在概念设计阶段就能够解决产品全生命周期所遇到的问题，数值模拟技术就成为实现这种技术需求的主要途径。随着数值模拟技术日趋完善，许多学者广泛采用数值模拟手段来预测和控制回弹量。

4.2.1　多点柔性复合成形仿真分析流程

多点模具调形是通过 CAD/CAM 软件控制的，该软件操作简单、运行稳定、便于人机交流，如图 4.1（a）所示。其主要功能为通过 CAD 软件读取零件的数模、计算基本体的高度、回弹预测与补偿等；CAM 软件将 CAD 软件计算出的基本体高度数据转换成数控代码，传送到控制系统，控制多点模具运动，实现多点模具的目标曲面调形。调形后的多点成形模具表面如图 4.1（b）所示。

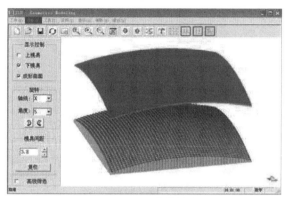

(a) CAD/CAM软件界面

(b) 调形后的多点成形模具表面

图 4.1　多点成形 CAD/CAM 软件及调形后的多点成形模具表面

多点模具型面补偿流程如图 4.2 所示，具体可分为五步：

（1）根据工件的曲面形状，计算基本体冲头的高度，并通过多点调形 CAD/CAM 软件构造目标型面。

（2）建立柔性夹钳多点拉形有限元模型。在部件模块中创建板材、基本体冲头，依次进行装配、设置材料属性、定义接触、边界条件、进行网格划分等步骤。

（3）采用 ABAQUS/Explicit 模块模拟柔性夹钳多点拉形过程，然后将模拟结果导入 ABAQUS/Standard 模块模拟回弹过程，并导出成形件各节点的 z 向坐标。

（4）给定一个误差值，以目标曲面为基准，对成形件曲面上的节点进行误差统计，判断成形件是否满足精度要求。

（5）如果统计得出的成形误差小于给定的误差值，则认为该多点模具型面满足要求，并退出循环；反之，则对目标曲面进行多点模具型面补偿，然后重新构造模具型面，并建立新的有限元模型进行计算，直至工件的成形误差满足精度要求。

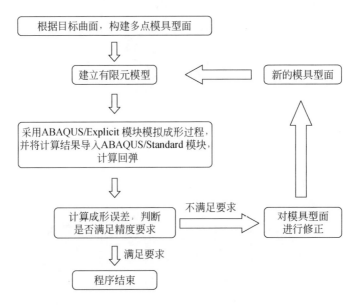

图 4.2　多点成形回弹补偿流程图

在多点成形仿真分析过程中，应注意以下参数的选择和设置。

1. 板料单元类型

S4、S4R、S8R5 是常用的壳单元类型，其中 S4 是完全积分的有限薄膜应变线性单元，每个单元有四个积分点，S4 单元适用于大多数板料塑性变形问题的分析求解，其优点为对单元的变形不敏感，没有沙漏模式，因此，S4 单元非常适用于面内弯曲和有弯曲沙漏的情形，在这些场合采用 S4 单元要优于 S4R（减缩积分单元）单元。但是，S4 单元单元的边不能弯曲，它的" 刚性" 较大，进而导致单元过大剪切变形的发生，这就意味着板料的应变能会引起剪切变形，而不是弯曲变形。因此，S4 单元不适用于超弹性和超泡沫材料；S4R 是减缩积分线性单元，每个单元只有一个积分点，单元变形前后积分线长度和夹角不发生改变，因而在单元积分点上的应力分量为零，单元扭曲没有产生应变能，所以单元在弯曲状态下没有刚度，不会引起伪剪应力的发生。但是，线性减缩积分单元

S4R，在受弯曲力作用下会有"沙漏"现象发生，容易发生薄膜锁死；S8R5 单元是五节点的减缩积分二次单元，二次减缩积分单元也存在沙漏模式，但是，在正常网格中二次减缩积分单元的沙漏模式几乎不可能扩展，因此 S8R5 单元对伪剪应力引起的剪力自锁和沙漏引起的薄膜锁死不敏感。

通常情况下采用减缩积分单元比采用同阶次的完全积分单元耗费 CPU 时间少，因此，在满足计算精度的情况下，应尽量选用减缩积分单元，同时考虑到板料在多点复合成形过程中，多数情况会受到弯曲力的作用，为防止薄膜锁死，因此尽量选用减缩积分二次单元。

2. 载荷边界条件

板料多点复合成形过程数值模拟的边值问题可以划分为载荷边界和运动约束两类边界条件。不同的边值问题，其边界条件也各不相同。多点预成形过程数值模拟中，多点模具的运动通过给定位移-时间曲线的方式进行控制，压边圈则通过给定压力-时间曲线的方式进行控制。为了给出合适的位移-时间曲线，必须精确计算出各基本体高度。如果基本体高度计算不准确，可能会引起压痕或成形不到位等情况，甚至会导致计算失败；渐进终成形过程和基于多点模具的渐进成形过程数值模拟中，工具头的运动通过给定位移-时间曲线的方式进行控制，压边圈仍然通过给定压力-时间曲线的方式进行控制，其垂直位置则根据实际情况确定为固定或浮动。应精确计算出工具头的运动轨迹，否则，可能会引起压痕或运动干涉情况发生，甚至会导致计算失败。

3. 接触处理

数值模拟的接触界面约束有罚函数法、拉格朗日乘子法、增广的拉格朗日法以及摄动的拉格朗日法等处理方法。板料塑性成形过程的数值模拟中常采用罚函数法对接触界面进行处理。罚函数法的原理是对每一时间步内各个从节点与主面穿透情况进行检查，如果从节点与主面没有穿透，则该从节点不作处理；如果从节点与主面发生穿透，则在该从节点与主面之间施加一个大小与穿透深度和主面刚度成正比的界面接触力，用以限制从节点对主面的穿透，所施加接触力的大小称为罚函数值。如果在数值计算中从节点与主面发生较明显穿透，可以通过放大罚函数值或者缩小时间步长的方法进行控制。与拉格朗日乘子法相比，罚函数法允许一些相互侵彻。

4. 摩擦处理

板料多点复合成形过程是板料与工具头和多点模具相对运动而产生变形的过程，成形的数值计算结果，受到板料与工具头以及板料与多点模具之间摩擦力的影响。摩擦力的大小和方向与工具头和基本体的接触压力、相对运动速度、材料性能、几何特性、表面粗糙度、润滑等情况有关。因此正确地描述板料与工具头和多点模具之间的摩擦力可以保证数值模拟结果的精确性。

多点复合成形过程的数值模拟采用简化的摩擦力数学模型——库仑摩擦模型定义板料与工具头和多点模具之间的摩擦力。库仑摩擦数学模型应用于连续体时，应该在接触界面的每一点处给出。

4.2.2 基于 ABAQUS 软件的成形件回弹分布

对球形件和鞍形件柔性夹钳多点拉形过程进行数值模拟，球形件半径为 $R = 2000\text{mm}$，鞍形件半径为 $R = 4000\text{mm}$、$r = 2000\text{mm}$，成形面积为 $1200\text{mm} \times 1200\text{mm}$，冲头球面半径为 30mm，方体截面尺寸 40mm×40mm；采用十夹钳拉形，夹料块的尺寸为 100mm×110mm，相邻夹钳之间的间隔为 10mm；板材尺寸为 1600mm×1200mm×2mm，材质为 2024-O；弹性垫尺寸为 1300mm×1200mm×30mm。图 4.3 为球形件和鞍形件在柔性夹钳前后拉形时的回弹修正结果，表 4.1 为球形件和鞍形件通过多点模具回弹补偿方法得到的成形误差数值模拟结果，从表中可以看到，通过第一次修正，球形件的最大误差减小了 64.2%，平均误差减

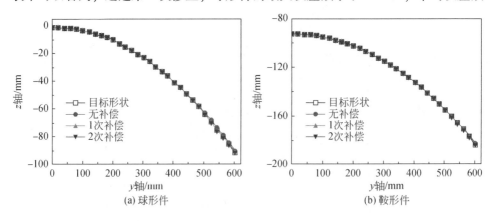

图 4.3　球形件和鞍形件在柔性夹钳前后拉形时的回弹修正结果

小了 65.1%；鞍形件的成形误差减小了 64.8%，平均误差减小了 63.7%。通过第二次修正，球形件的最大误差和平均误差分别减小了 55.4% 和 52.3%，鞍形件的最大误差和平均误差分别减小了 59.7% 和 56.1%。通过对模具型面两次修正，球形件和鞍形件的最大误差都小于 0.4mm，平均误差都小于 0.2mm。

表 4.1　球形件和鞍形件成形区的误差

修正次数	球形件		鞍形件	
	最大误差/mm	平均误差/mm	最大误差/mm	平均误差/mm
0	2.32	1.26	2.13	1.13
1	0.83	0.44	0.75	0.41
2	0.37	0.19	0.32	0.17

4.2.3　多点柔性成形仿真的试验验证

选用球形件为研究对象，目标半径 $R = 2000\text{mm}$。多点模具冲头个数为 30×30（有效成形尺寸为 $1200\text{mm} \times 1200\text{mm}$），单个冲头球面半径为 30mm，方体截面尺寸 $40\text{mm} \times 40\text{mm}$。聚氨酯弹性垫尺寸为 $1300\text{mm} \times 1200\text{mm} \times 20\text{mm}$。球形件实验照片和有效成形区误差云图如图 4.4 所示，由图可看出，形状误差 85% 分布在区间 $\pm 0.574\text{mm}$，与表 4.1 中球形件的回弹补偿数据相比，实验结果和模拟结果之间的差值较小，验证了多点模具回弹补偿方法的可行性。

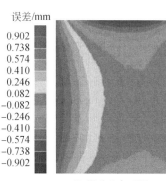

误差/mm

0.902
0.738
0.574
0.410
0.246
0.082
-0.082
-0.246
-0.410
-0.574
-0.738
-0.902

(a) 实验件　　　　　　　　　　(b) 误差分布云图

图 4.4　回弹模拟结果的试验验证

第 5 章　多点柔性复合成形技术装备

伴随着现代科学技术的迅速发展，航空航天、轮船舰艇、高速铁路以及现代家居等领域对曲面金属板材件需求量越来越大，其加工件的质量和成本主要由曲面金属板材件的先进制造技术水平决定[1-4]。现有曲面金属板材件成形方式主要有冲压成形和拉伸成形两种工艺方式[6-8]。

冲压成形工艺存在以下缺点：

（1）针对一种成形面需要一套专用刚性模具。

（2）冲压成形工艺在加工曲面金属板材件过程中存在压边装置设置复杂等问题。

（3）冲压成形件往往回弹现象严重。这些缺点导致冲压成形的曲面金属板材件的成形成本高、效率低和质量差。

拉伸成形工艺能够降低板材成形件的回弹现象，在成形横向曲率较大的工件时，板材横向的拉应力和拉应变分布明显不均匀，易产生不贴模、拉裂或起皱等成形缺陷。此外，拉形用坯料往往需要较大的工艺余量，从而导致材料的利用率降低。因此，多点柔性复合成形作为一种新兴的先进加工技术，非常适于解决曲面金属板材件的复杂成形问题。

5.1　多点柔性复合成形装备的结构组成

多点柔性复合成形目前已经发展出许多不同的成形工艺，其中将多夹钳式柔性拉伸成形技术与多点对压成形技术相结合，可以设计开发双曲率金属板材件柔性拉伸对压复合成形系统[9]，用于解决地标建筑双曲率金属板材件的成形难题，提高金属板材成形加工的生产效率和材料利用率。

该系统由多点柔性成形模具、多夹钳式柔性拉伸成形装置、液压机及计算机控制系统组成，如图 5.1 所示。多点柔性成形模具通过在每个基本体下方安装一个电机控制基本体的位置，从而实现所有基本体单元的同时调整，其调形速度较快，为 3～5min。多夹钳式柔性拉伸成形装置主要由多个夹料机构、多个拉料机构和机架组成[119]；机架的两侧各排列一排多个夹料机构；每个夹料机构的夹料架设有联接孔并通过万向机构与多个拉料机构联接，拉料机构的另一端与机架铰接。多夹钳式柔性拉伸成形装置同一方向布置的一排多个液压缸只用一个电磁换向阀控制，利用多缸液压系统的帕斯卡定理，能够使同一方向布置的各个液压缸的拉伸力相同，使多夹钳式柔性拉伸成形装置实现自协调工作，提高板料成形质量，降低拉伸成形机的制造成本。液压机能够为该系统实施成形提供压力。计算机控制系统以工业计算机为载体，通过自主开发的软件实现该系统数字化闭环操作。

图 5.1　柔性拉伸对压复合成形系统

　　柔性拉伸对压复合成形系统通过多夹钳式柔性拉伸成形装置的每个夹料机构联接的液压缸可以在板料拉伸成形时，依据板材成形的需要，提供不同方向的拉力[105]。

　　如图 5.2 所示，板料拉压复合成形时，首先由水平方向布置的液压缸产生水平拉伸作用，其余两排液压缸跟随万向机构随动；之后分别由倾斜和垂直方向布置的液压缸完成板料包覆贴模，或者由倾斜和垂直方向布置的液压缸同时作用，共同完成板料包覆贴模（各液压缸同时工作，可以提供更大的拉伸力，并控制拉伸方向使板材更好地贴模）；板料基本贴模后，进行对压成形。

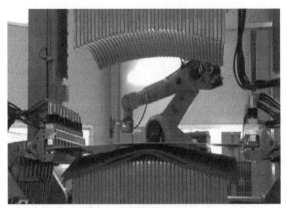

(a) 水平拉伸

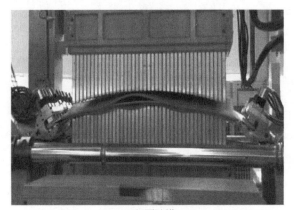

(b) 包覆贴模

(c) 对压成形

图 5.2　拉压复合成形过程

5.1.1　驱动执行系统的功能与设计

1. 夹料机构

夹料机构主要由液压缸 6、夹料架 7 和夹料块 8、9 组合构成；夹料机构的液压缸与夹料架为一体式结构。需要夹紧板材时，液压缸上面的油孔进液压油，下面的油孔出液压油，从而控制液压缸带动和活塞相联的夹料块向下运动，与和夹料架相联的夹料块共同夹紧板材。需要松开板材时，液压缸下面的油孔进液压油，上面的油孔出液压油，从而控制液压缸带动和活塞相联的夹料块向上运动，离开和夹料架相联的夹料块，松开板材。夹料机构设有下部联接孔 4 和后部联接孔 5，各联接孔分别通过万向节与拉料机构联接，如图 5.3 所示。

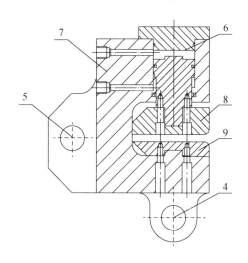

图 5.3　夹料机构

4. 下部联接孔；5. 后部联接孔；6. 液压缸；7. 夹料架；8. 夹料块；9. 夹料块

工件的长度变化较大时，可以通过调整机架 3 左侧排列的多个夹料机构 1 和拉料机构 2 与机架右侧排列的多个夹料机构和拉料机构之间的距离，对应不同工件的长度，如图 5.4 所示。多夹钳式拉伸成形机左右夹料机构的距离调整后，可以使用由液压缸或紧固件构成的自锁机构锁住拉料机构的框架。为了简化设备结构，可以单独移动机架左侧或右侧排列的多个夹料机构和拉料机构。为了进一步增加拉伸成形机的宽度，可以增加夹料机构和拉料机构的数量，或将两台拉伸成形机并列使用。

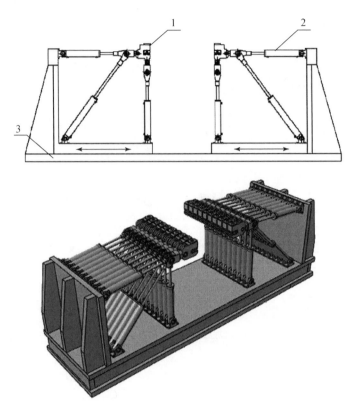

图 5.4   夹料机构与拉料机构间距可调的多夹钳式拉伸成形机
1. 夹料机构；2. 拉料机构；3. 机架

2. 万向推拉机构

传统的拉伸成形机拉形工件时，钳口处板材沿横向基本整体移动；在成形横向曲率较大的工件时，板材横向的拉应力和拉应变分布明显不均匀，易产生不贴模、拉裂或起皱等成形缺陷。

为了解决传统拉形机存在的横向变形不均匀问题，多夹钳式拉伸成形机设计了万向推拉机构，该机构主要由球头联接杆与联接体组成；球头联接杆的一端具有球形头部，另一端通过螺纹或销轴与相应的联接体联接；球形头部为半球形或圆球形，球形头部直接或通过配合使用的具有半球形凹坑的轴瓦 6 与夹料架 2 或拉料机构联接体联接。球头联接杆的使用大幅度增加了拉伸成形机夹钳的自由度，夹钳可以绕球头联接杆的球形头部自由旋转与摆动，从而使一排多个夹料机

构形成直线或弧线排列。球头联接杆可以为一端具有半球形头部的球头联接杆
1；当与夹料架或拉料机构联接体联接时，半球形头部套装在夹料架或拉料机构
联接体内，并通过与半球形球面配合的具有半球形凹坑的轴瓦、与半球形端部配
合的环形聚氨酯垫 3 或圆形聚氨酯垫和挡板 4 或球头挡圈 7 固定。拉形结束后，
利用聚氨酯垫的弹性回复使球头联接杆自动恢复至原位。球头联接杆也可以为一
端具有圆球形头部的球头联接杆；当与夹料架或拉料机构联接体联接时，圆球形
头部套装在夹料架或拉料机构联接体内，并通过与圆球形根部球面配合的具有半
球形凹坑的轴瓦和与圆球形端部配合的具有半球形凹坑的推力轴瓦以及挡板固
定。为有利于球头的摆动与旋转，球头和轴瓦之间可以使用润滑剂润滑。球头联
接杆还可以采用两个，通过杆类联接体 5 对称联接组合成双球头联接杆。两个球
头联接杆的组合使用，使拉伸成形机用万向推拉机构的自由度进一步增大，且装
配更为方便，更好地应对多品种工件生产的需求。当被拉形的工件长度较小，拉
伸成形机的拉料用液压缸行程不够时，万向推拉机构的长度可以通过长度可调的
杆类联接体进行调整，如图 5.5 所示。

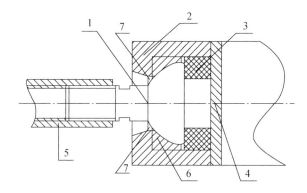

图 5.5　半球形头部的球头联接杆通过具有半球形凹坑的轴瓦与夹料架联接时的截面图
1. 半球形头部的球头联接杆；2. 夹料架；3. 环形聚氨酯垫；4. 挡板；
5. 杆类联接体；6. 具有半球形凹坑的轴瓦；7. 球头挡圈

　　万向推拉机构的优点在于，通过球头联接杆与联接体的使用，使其自由度增
大且装配更为方便，能够完成夹钳绕球头联接杆的球形头部自由旋转与摆动。万
向推拉机构安装在拉伸成形机后，依据多缸液压系统的帕斯卡定理和材料的加工
硬化特性以及最小阻力定律，在相同液压力的成排液压缸作用下，使各夹钳沿拉
伸方向产生不同的位移量与转角，从而顺应模具曲面的变化而摆动与旋转；保证

施加在工件上的加载路径更加合理，工件的拉应力和拉应变的分布更加均匀，容易实现加工件的贴模，减少工件的工艺余量，显著提高工件的材料利用率，实现复杂曲面工件的拉伸成形。

5.1.2　控制系统的功能与设计

在板料多点成形中，影响成形精度的变量很多，如被成形件的材料参数、基本体群成形面的形状、成形压力以及弹性垫的性能参数等，而系统的输出主要是成形件的形状。如果将影响多点成形过程的变量看作系统的扰动量，用基本体群成形面形状与成形件形状构成输入输出对，从而多点成形系统从某种意义上可简化为单输入输出系统。

多点成形系统的 CAM 软件的主要功能为，根据 CAD 软件设计的工艺方案及成形面的有关数据，驱动控制系统，调整基本体高度，为零件成形构造出所需基本体群成形面。结合两种基本调形方式，分为串行与并行两种 CAM 软件结构。

1. 串行调形方式的 CAM 软件

首先读入目标成形面的数据，然后进行功能选择，如果手动调形，则进入手动控制状态；如果自动调形，则首先机械手自动复位，然后按机械手行、列工位进行循环。对于每个调形工位，需要首先通过 x、y 方向的移动来调整机械手的位置；每个基本体的高度调整量通过电机转动的角度来控制，每个基本体的高度调整由三个基本步骤完成：电磁离合器吸合（调形开始）、伺服电机转动（调形）、电磁离合器分开（调形结束）。一个调形工位的基本体调形结束后进入下一个工位，对所有基本体循环后即完成了基本体群成形面的曲面造型，如图 5.6 所示。

2. 并行调形方式的 CAM 软件

并行调形方式的软件由顺序执行的两段循环程序构成，如图 5.7 所示。

（1）控制指令发送：上位机读入目标成形面、当前成形面数据及控制单元地址表，计算出每个基本体的高度调整量并转化成脉冲个数，依次向每个基本体的控制单元发出控制指令。控制单元接收到控制指令后，立即按指令所规定调整量驱动调形电机对基本体高度进行调整。虽然控制指令是对每个控制单元

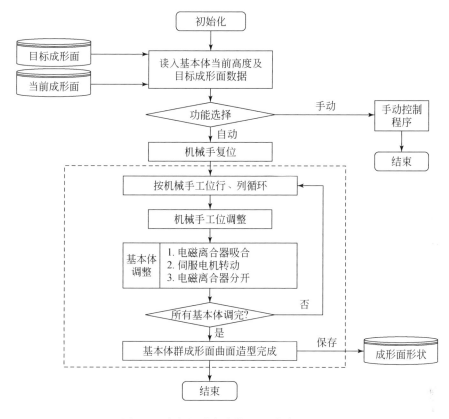

图 5.6　串行调形方式的 CAM 软件流程图

依次发送的，但由于发送过程是电信号的传输，每个控制单元接收到控制指令的时间差异实际上非常小，对于机械动作而言，所有基本体的调整几乎是同时开始的。

（2）控制单元状态的查询：当所有基本体都开始调整后，上位机再以循环方式依次向每个基本体的控制单元发出状态查询指令。控制单元接到查询指令后，将运行状态向上位机反馈。如果查询的反馈信息显示调整量超差，上位机再次对这些控制单元发出修正偏差的指令。这一循环查询操作将一直持续下去，直到所有的基本体都调整到目标高度为止，最后将各个基本体的高度值保存起来。查询指令的发送及控制单元状态的反馈，均是电信号的传输，因此，对基本体偏差的修正动作也是同时进行的。

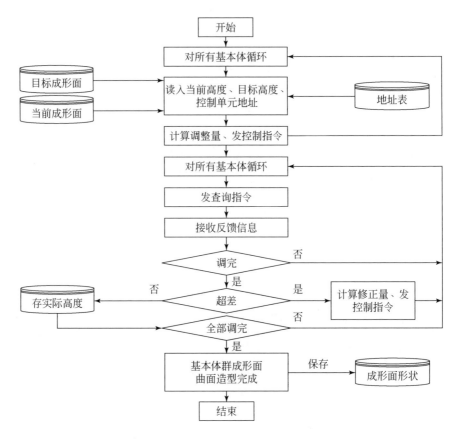

图 5.7 并行调形方式的 CAM 软件流程图

5.2 多点柔性复合成形装备的工作原理及特点

一套完整的多点柔性复合成形装备应至少由三大部分组成：CAD/CAM 软件、控制系统、多点柔性复合成形主机。

CAD/CAM 软件根据成形件的输入信息进行几何造型、成形工艺计算、基本体群成形面设计等，将数据文件传给控制系统，控制系统根据这些数据控制压力机的调整机构，构造基本体群成形面，然后控制压力机的加载机构成形出所需的零件产品。

5.2.1　型面重构动作模式

基本体调形即成形型面重新构造的过程，应在零件成形前或在成形过程中完成。快速、准确地调形是多点柔性复合成形中最重要的环节之一。多点柔性复合成形与传统冲压成形的主要区别在于：冲压成形时，成形由形状不可变的整体模具完成；而多点柔性复合成形时，由基本体群包络面构成的成形面完成，成形面的几何形状根据零件成形的需要，可以通过调整基本体的高度来重新构造。

基本体调形方式即型面重构动作模式可分为串行式、并行式两种[121,123]。

1. 串行式调形

串行式调形是一种以机械手为主体的调形方式。通过机械手依次调整每个基本体（或同时调整几个基本体），使其达到目标高度，最后得到所需的成形面，如图 5.8 所示。

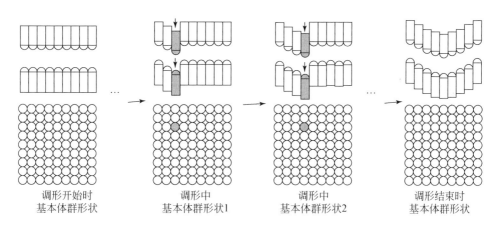

图 5.8　串行式调形方式示意图

如图 5.9 所示为串行式调形机构，其基本体的高度调整由一个能沿 x、y 方向移动的机械手完成。在调形过程中，机械手首先沿 x、y 方向移动到所需的工位，然后可同时对当前 Z_1、Z_2、Z_3、Z_4 所对应的基本体进行调整，即一次可进行 4 个基本体的调整。

2. 并行式调形

并行式调形是一种以控制单元为主体的调形方式。每个基本体都有独立的调

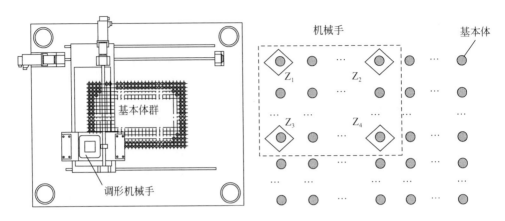

图 5.9　串行式调形机构

整装置和数控单元，调形时各基本体同时进行高度调整，调形时间由基本体最大调整行程决定，与基本体数量无关。与串行调形方式相比，这种调形方式的效率比较高，调形所需调形时间明显缩短，并行调形方式亦称为快速调形方式，如图 5.10 所示。

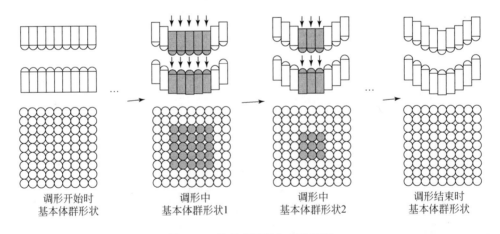

调形开始时　　　　　调形中　　　　　　调形中　　　　　调形结束时
基本体群形状　　　基本体群形状1　　基本体群形状2　　基本体群形状

图 5.10　并行式调形方式示意图

并行式调形中每个基本体都具有独立的调整装置和控制单元，其结构紧凑。控制单元主要结构包括：单片机（CPU 处理器）、集成控制电路、调形电机、转角检测装置等。每个控制单元接收上位计算机的控制指令和数据后，同时对各自的基本体进行高度调整。

5.2.2　装备的主要技术参数

1. 渐进成形装备

（1）CNC 车床

采用 CNC 车床可进行轴对称件的渐进成形。在成形前，将切削刀具换成成形工具，板料用压板在机床上压紧，底部留有一定的空间以容纳板料的变形。

成形时板料随机床主轴旋转，成形球头按数控指令沿轴向和径向与板料进行相对运动并形成球头轨迹包络面，与此同时，板料也被胀形至该球头轨迹包络面上。

（2）CNC 铣床

非轴对称三维板料零件的渐进成形可在数控铣床上进行。

在成形前，将加工中心的切削刀具换成成形工具，板料用压板在工作台上压紧，底部留有一定的空间以容纳板料的变形。

成形时板料随工作台一起按数控指令沿加工中心的 x 和 y 方向移动，球头工具由加工中心的 z 轴夹持，以一定速度旋转并沿 z 轴方向移动，板料沿球头轨迹包络面被胀形。

（3）渐进成形专用设备

日本 AMINO 公司已实现渐进成形设备的系列化，开发了专用软件 AFS（Amino Forming System），设备主要分成 RA、RB 与 PA、PB、PC 两大类，如图 5.11 所示。其设备的主要技术参数见表 5.1 所示。

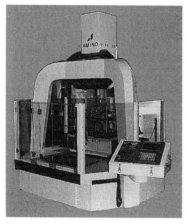
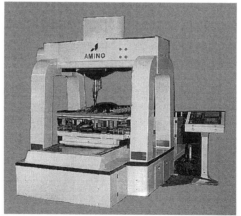

图 5.11　日本 AMINO 公司渐进成形设备

表 5.1　日本 AMINO 公司生产的系列化渐进成形设备的主要参数

型号	DLNC-RA	DLNC-RB	DLNC-PA	DLNC-PB	DLNC-PC
最大板料尺寸/mm	400×400	600×600	1100×900	1600×1300	2100×1450
最大成形尺寸/mm	300×300	500×500	1000×800	1500×1200	2000×1350
最大成形深度/mm	150	250	300	400	500
x 方向行程/mm	330	550	1100	1600	2100
y 方向行程/mm	330	550	900	1300	1450
z 方向行程/mm	200	300	350	450	550
最大压边尺寸/mm	500×500	750×950	1300×1100	1800×1500	2300×1650

2. 多点成形装备

(1) 多点数字化柔性成形设备

吉林大学在多年的基础理论研究、关键技术攻关、专用软件开发及成形工艺研发基础上，现已研制出系列化的多点柔性成形设备（表 5.2），并应用于多个领域的重点工程中，解决了柔性加工难题。图 5.12 为吉林大学开发的大型多点数字化成形装备，其一次成形尺寸可达 3.15m×2.7m，图 5.13 为新开发的精密多点数字化成形设备，该设备配有在线激光测量装置，能够直接测量成形件的加工精度，自动分析成形件的回弹分布。根据测量反馈的回弹分布数据，可以生成回弹量修正数据，进行回弹修正。该设备可用于成形带筋板材。

表 5.2　吉林大学系列化多点柔性成形设备的主要参数

型号	YAM-1	YAM-3	YAM-5	YAM-10	YAM-20	YAM-40
最佳板料厚度/mm	1	3	5	10	20	40
板料厚度/mm	0.4~2	1.2~6	2~10	4~20	8~40	16~80
板料宽度/mm	<0.2	<0.4	<0.8	<1.2	<2.0	<4.0
板料长度/m	<1	<2	<4	<6	<10	<18
曲面高度差/m	50	100	200	400	500	600
额定成形力/kN	100	630	2000	4000	10000	20000
电机功率/kW	2.2	7.5	22	45	110	160

图5.12 大型多点数字化成形设备

图5.13 精密多点数字化成形设备

（2）蒙皮件柔性拉伸成形设备

基于柔性拉伸成形原理研发出多种柔性拉伸成形机，大量应用于航空、高铁、建筑幕墙等曲面件的柔性成形中，所成形的曲面件质量好、精度高。如图5.14所示为柔性拉伸成形设备照片及拉伸成形工件。如图5.15所示为出口韩国的拉压复合多点数字化成形设备，近几年又为航空制造企业开发出两种规格的数控柔性拉伸成形设备，专门用于拉伸成形飞机蒙皮件。这些设备具有数控设置压力与速度的功能，并具有示教与自动成形功能。如图5.16所示为拉伸成形有效尺寸为1200mm×3000mm的数控柔性拉伸成形机。

图 5.14　柔性拉伸成形设备

图 5.15　出口韩国的拉压复合多点数字化成形设备

(a) 数控柔性拉伸成形机

(b) 拉伸成形的发罩

(c) 带筋板成形件

图 5.16　数控柔性拉伸成形设备及成形件

5.3　多点柔性复合成形装备的基本体单元设计

5.3.1　基本体单元的结构特点及要求

多点模具基本体群是由一定数量的基本体规则排列构成的，所有基本体均安装在一个固定的支撑板上，通过转动螺纹杆来调整基本体的高度。

基本体（图 5.17）按照其端部形式的不同可分为固定型基本体和摆动基本体。固定型基本体 [图 5.17（a）] 由单元体 2、螺纹杆 3 及球形帽 1 构成。这种基本体形式结构简单，通常能承受更大的成形压力，但不能有效防止压痕等成形缺陷的发生，有时需要与弹性垫配合使用。

摆动型基本体 [图 5.17（b）] 弹性套 1、垫片 2、滚珠 3、支撑座 4、单元 5、螺纹杆 6 构成，加工过程中，弹性套和垫片可以滚珠表面为支点进行摆动与加工板料表面贴和，加工结束后靠弹性套的弹力恢复到原来位置。这种基本体形式，结构较复杂，承受成形压力有限，但能有效防止压痕等成形缺陷的发生。

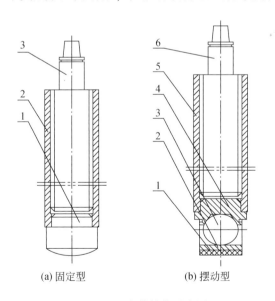

(a) 固定型　　　　　　(b) 摆动型

图 5.17　基本体结构示意图

基本体按照其单元体截面形状的不同可分为，方形基本体和六边形基本体，图 5.18 为两种形状基本体组成基本体群型面结构图，其中图 5.18（a）为由六边形基本体组成成形型面结构，图 5.18（b）为由方形基本体组成的成形型面结构。六边形基本体加工较复杂，基本体高度计算也相对复杂，但在同等强度要求情况下，基本体尺寸可以加工得比较小，并且采用由六边形基本体组成成形型面的多点模具，由于中心点相互交错，可以对起皱等成形缺陷的产生有一定的抑制作用，这些因素都可以提高板料的成形质量。与六边形基本体特点相反，方形基本体结构简单，基本高度容易计算（容易进行曲面造型），但基本体小型化困难，不易提高板料的成形质量。

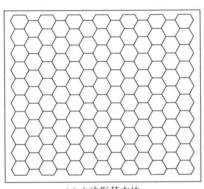　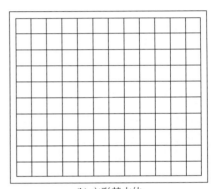

(a) 六边形基本体　　　　　　　　　　　(b) 方形基本体

图 5.18　基本体群型面结构图

基本体按控制方式可分为三种类型：固定型、被动型、主动型。

固定型基本体：高度在成形过程中固定不变。

被动型基本体：在成形过程中受到推动作用后，其高度位置将随之改变以保持与板料的接触状态（通常采用液压力或弹性材料实现）。

主动型基本体：高度可实时控制，即使在成形过程中也可以任意调整。

按基本体的不同控制状态，多点成形可分为：多点模具成形、半多点模具成形、多点压机成形、半多点压机成形。

在多点成形过程中，随着各基本体的相对移动状态不同，板料的变形路径和载荷分布将发生变化，从而使板料的变形状态有所不同，造成对形状、尺寸和精度产生较大的影响。

1. 多点模具成形

多点模具成形与传统的整体模具成形方式基本类似，属于固定型成形方法。

上、下基本体均为固定型。

在成形前，首先按所要成形的零件的几何形状，调整上、下各基本体的高度方向位置，构造出成形曲面，然后按这一固定的曲面形状成形板料；成形曲面在板料成形过程中保持不变，相邻基本体之间无相对移动，如图 5.19 所示。

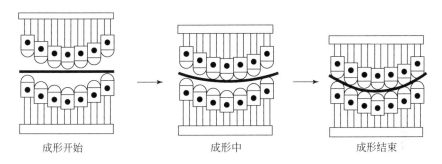

　　成形开始　　　　　　　　成形中　　　　　　　　成形结束

图 5.19　多点模具成形

板料和工具的接触状态：成形开始时只有比较高的基本体和板料接触并施加成形载荷。伴随着变形的进展，与板料接触的基本体逐渐增多，直至所有的基本体都与板料接触，完成最后成形。

2. 半多点模具成形

属于固定型成形与被动型成形组合的成形方法。一方基本体为固定型，另一方基本体为被动型，如图 5.20 所示。

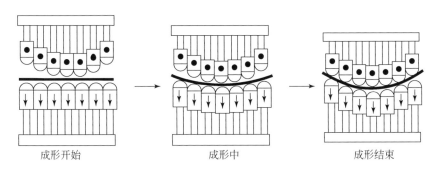

　　成形开始　　　　　　　　成形中　　　　　　　　成形结束

图 5.20　半多点模具成形

成形前，上方（固定型）基本体按目标形状预先调整出成形曲面，下方（被动型）基本体在成形前设定成同样高度，变形过程中下方基本体随着上方基本体运动，并始终与板料相接触，最终形成和上曲面对应的形状，完成最后成形。

在图 5.20 中，上面的基本体和多点模具成形时一样成为一体，其相邻基本体之间无相对移动。但是，采用被动方式的下面相邻基本体之间在成形中能够产生相对移动。

3. 多点压机成形

通过实时控制各基本体的运动，形成随时变化的瞬时成形曲面，上、下均为主动型基本体，可以把每一个基本体都看做是一台微型压力机，如图 5.21 所示。

从成形开始到成形结束，上、下所有基本体始终都与板料接触，成形开始时所有基本体同时移动，成形结束时同时停止，夹持板料进行成形。

多点压机成形过程中成形面不断变化，各基本体之间存在相对运动，可以实现板料的最优变形路径成形，消除成形缺陷，提高板料的成形能力，是一种理想的板料成形方法。但设备必须具有实时精确控制各基本体运动的功能。

其基本体运动特点：位移、速度、载荷方面的要求高。

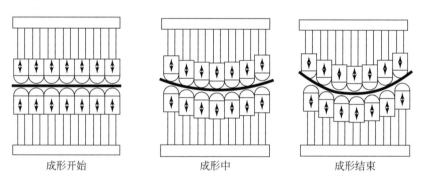

成形开始　　　　　　　　成形中　　　　　　　　成形结束

图 5.21　多点压机成形

4. 半多点压机成形

属于主动型控制方式与被动型控制方式组合的成形方法。一方基本体为主动型，另一方基本体为被动型，如图 5.22 所示（上部为主动型基本体，下部为被动型基本体）。

通过单独调整主动方各基本体的运动来改变板料的变形路径，在成形过程中上下基本体都始终与板料接触。

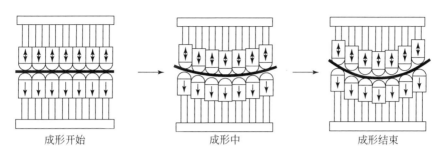

成形开始   成形中   成形结束

图 5.22 半多点压机成形

根据基本体的控制方式及控制状态,多点成形法的分类及其特点见表 5.3。

表 5.3 多点成形法的分类及其特点

种类	成形原理	基本体的高度调整方式	成形过程中基本体间的相对移动	成形过程中板料和工具的接触状态
多点模具成形	上、下均为固定型	上、下基本体在成形前调整	上、下均无	上、下接触点逐渐增加
半多点模具成形	一方为固定型,另一方为被动型	固定型基本体在成形前调整	固定方无,被动方有	固定方接触点逐渐增加,被动方始终全部接触
多点压机成形	上、下均为主动型,可实现任意变形路径	上、下基本体在成形中调整	上、下均有	上、下都始终全部接触
半多点压机成形	主动方可实现任意变形路径,另一方为被动型	主动型基本体在成形中调整	上、下均有	上、下都始终全部接触

5.3.2 基本体单元设计参数及优化

基本体群是多点成形设备中最为关键的部分。在多点成形设备的工作过程中,基本体单元是直接传递成形力并与板材接触的部件。设计基本体应考虑的主要参数有总成形力、截面几何形状、上下基本体数量、排列方式、控制类型等。这些参数将直接影响板材多点成形的效果。

多点成形时,基本体直接对板材施加载荷,使板材产生变形。基本体及其调整装置主要由控制部分、驱动部分、反馈部分和冲头部分组成。按驱动方式,基本体可以有两种结构形式:机械式和液压式。机械式的基本体容易保证调整精度，制造成本低，但可产生的推动力较小；液压式的基本体可产生的推动力大，且易控制推动力和成形力，但若要实现较高的调整精度，就会使结构复杂，造价高。

基本体尺寸不同，会造成基本体与板料的接触点不同，从而影响成形件的表面质量。图 5.23 显示了球面件和马鞍面件的成形结果，板料厚度为 1mm，采用的基本体方体尺寸为 12.5mm×12.5mm。从图上看到成形件表面光滑，并且完全贴模，成形质量良好。图 5.24 为采用 40mm×40mm 冲头成形的球面件的光照图，板料厚度为 1mm。成形件表面凹凸不平，起伏很大，说明局部变形比较严重，分布在整个成形件表面。

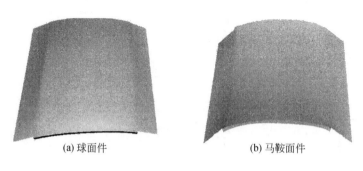

(a) 球面件　　　　　　　　　　　　　(b) 马鞍面件

图 5.23　多点拉形件的光照图

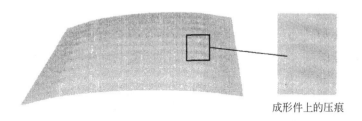

成形件上的压痕

图 5.24　采用 40mm×40mm 冲头成形的球面件的光照图

传统的整体模具拉形，板料的厚度在拉形的过程中是减薄的，在相当于基本体大小的局部区域内，减薄量的变化非常小，可以认为厚度均匀。但在多点拉形中，减薄量的变化极不均匀，在基本体大小的局部区域内厚度不均匀，且有厚度突变，这种局部变形可成压痕，成为影响多点拉形件表面质量的主要因素。

多点拉形件的表面局部变形及其引起的板料厚度不均匀变化，可以用厚向应变表示。图 5.25 为使用不同尺寸基本体组成的多点拉形模具成形球面件厚向应变，沿第一行和第一列基本体中心处的厚向应变分布曲线，板料初始厚度为 1mm。

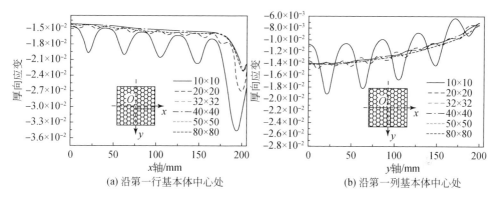

(a) 沿第一行基本体中心处　　　　(b) 沿第一列基本体中心处

图 5.25　使用不同尺寸基本体成形的球面件厚向应变图

厚向应变曲线上出现的波谷对应着成形件上的局部变形。由于在形成压痕的区域成形件减薄，所以曲线的波谷越深，说明成形件表面的局部变形缺陷越严重，波谷的数量反映了发生局部变形位置的多少。随着基本体尺寸的减小即基本体数量的增多，曲线起伏明显变缓，局部变形缺陷减轻。

在多点拉形过程中，板料经常沿拉伸方向产生明显的沟状缺陷—拉形沟。由球头构成的基本体端部使行与行之间存在较大的间隙，当成形板材时，板料受到基本体球头部分的约束，而基本体球头部分的间隙对板材没有约束，所以板料会在拉伸力的作用下，沿拉伸方向在基本体球头部分列与列之间的间隙产生拉形沟缺陷。拉形沟使成形件表面产生凹凸起伏，严重影响成形件的表面质量。

改变基本体的排列方式可以减小拉形沟缺陷。通过基本体单元排列方式的改进，从而显著地减少多点拉形过程中产生的沟状缺陷，提高成形件的表面质量。两种基本体的排列方式如图 5.26 所示，其中图 5.26（a）为基本体的规则排列方式，图 5.26（b）为基本体的交错排列方式。

在多点拉形过程中，板料逐渐与基本体组成的模具型面贴合。在贴模过程中，板料要与每一排基本体接触，当接触一排基本体单元时，由于基本体单元的球头部分之间有间隙，板材会在间隙处产生沟状缺陷，当板材接触下一排基本体单元时，由于基本体单元是交错排列的，前一排基本体单元球头部分之间的间隙

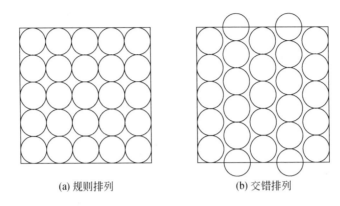

(a) 规则排列　　　　　　　　(b) 交错排列

图 5.26　基本体排列方式示意图

会被后一排基本体单元的球头部分弥补，这种后一排基本体单元球头部分弥补前一排基本体单元球头部分之间间隙的过程交替出现，从而大大抑制了板材在成形过程中沟状缺陷的产生。多点拉形中的补拉过程中，由于拉伸板料会落入列与列之间冲头的空隙，而交错排列的排列方式有一部分基本体冲头会弥补这个空隙，使这个空隙不连续，在列与列之间的空隙部分产生沟状缺陷可能性大大降低。使用交错排列方式的多点拉形模具，可以明显抑制多点拉形过程出现的沟状缺陷，减小成形件的局部变形，提高成形件的表面质量。

　　基本体球头半径也是影响多点拉形成形结果的一个重要参数。基本体组成的多点拉形模具成形面是不连续的，在拉形过程中，基本体的球头和板料接触，在接触区域会形成压痕，影响成形件的质量。

　　图 5.27 为不同球头半径成形马鞍面件的厚向应变结果。图 5.27（a）是沿 x 轴方向，即拉伸方向，第一行基本体冲头中心线位置处的厚向应变，图 5.27（b）是沿 y 轴方向，即垂直拉伸方向，第一列基本体冲头中心线位置处的厚向应变。从厚向应变分布曲线上可以很清晰地看到，随着基本体球头半径的减小，曲线起伏越大，成形件上的压痕越严重。基本体球头的曲率随着球头半径的增加而减小，基本体和板料或者弹性垫接触时，接触面积随着基本体球头的曲率增加而减小，基本体施加的载荷更分散，板料发生局部变形的程度减小，压痕变得轻微。这时可以使用较薄的弹性垫来抑制压痕缺陷，提高成形件的精度。

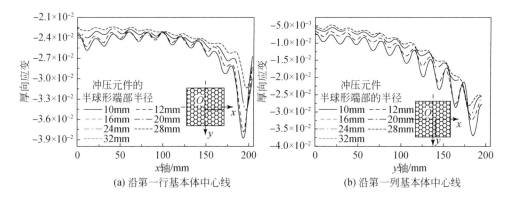

(a) 沿第一行基本体中心线　　　　　　　　(b) 沿第一列基本体中心线

图 5.27　不同基本体球头半径成形的马鞍面件厚向应变

第 6 章　多点柔性复合成形质量控制技术研究

6.1　多点柔性复合成形件的质量控制概述

多点柔性复合成形技术在造船、航空航天、汽车工业、建筑等诸多领域都有巨大的应用前景。但成形大曲率或复杂曲面成形件时容易产生压痕、起皱、回弹等质量问题，在实际应用中难以保证成形精度。因此，有必要对这些缺陷产生的机理及抑制方法展开研究。

6.2　多点柔性复合成形件主要质量问题的控制

与传统板料整体模具成形一样，多点柔性复合成形中也同样存在起皱、回弹现象。由于接触方式的不同，在多点柔性复合成形中起皱、回弹又有新的特点。而压痕则是不连续接触多点成形方式中特有的缺陷[118,120]。

利用多点成形中成形曲面的可重构性，通过工艺补偿或新的多点成形工艺，可以减小甚至完全消除压痕、起皱以及回弹等。

6.2.1　压痕缺陷的形成机理及控制

从变形原理上讲，压痕是多点成形方式特有的缺陷。多点成形时板料的变形外力来自冲头对板料的接触作用。冲头头部一般都是球形，二者的接触区域是一较小的球面。多点成形过程中，如果冲头单元与坯料直接接触，就会在板材表面形成点面接触状态，产生局部压强。由于接触压强较大，当变形条件不理想时，在接触点附近小区域内，板料将产生局部塑性变形形成压痕。

压痕的主要类型可分为两类：表面压痕和包络型压痕。

1. 表面压痕

表面压痕是一种局部化的变形，冲头压入板料，在板料表面留下凹坑，如图

6.1 所示。板料塑性变形集中在与冲头接触的区域内，该区域内板厚发生比较大的变化，未与冲头接触的区域仅产生很小或不产生塑性变形，这些区域厚向应变很小，形成冲头形状的凹陷。

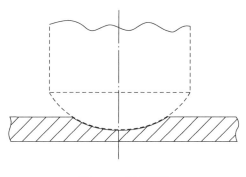

图 6.1　表面压痕

2. 包络式压痕

包络式压痕是一种类似于局部拉深的变形，如图 6.2 所示。板料包裹于冲头上，在全板厚范围内同时发生整体面外变形。这种变形以板料的拉胀变形与弯曲变形为主，接触区域内厚向应变变化不大，未与冲头接触的板料也跟随变形部位发生面外变形。

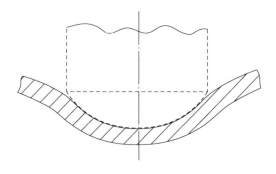

图 6.2　包络式压痕

在多点成形时，基本体使板料产生局部压入式变形及挠曲变形的趋势同时存在。

当接触点处挠曲变形刚度大时，挠曲变形不易产生，大部分外力功使板料产生压入式变形，将出现表面压痕。当接触点处挠曲变形刚度小时（如板料较薄的情况），挠曲变形需要的变形力比较小，挠曲变形极易产生，若约束条件不合理，则出现包络式压痕。

3. 压痕缺陷的影响因素

板料材质与板料厚度都是影响压痕的重要因素。

图 6.3 为铝合金 A1050 和不锈钢 SUS304 成形性对比结果（未使用弹性垫）。可以看出，由于不锈钢材质刚性高，难以产生压痕。因此，与铝材相比，不锈钢材质能得到比较好的成形结果。

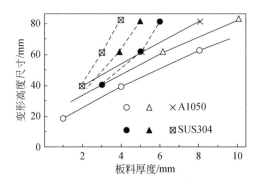

图 6.3　铝合金 A1050 和不锈钢 SUS304 成形性对比结果（未使用弹性垫）

图 6.4 为弹性垫厚度对不同厚度板料的成形性影响。用 A1050 铝板成形扭曲件时，使用弹性垫后成形极限明显改善。当变形程度比较小、板料比较厚时，缺陷少，即使不使用弹性垫也能得到好的成形效果；当变形程度增大，板料变薄时，皱纹、压痕都容易产生，这时使用弹性垫的效果显著。

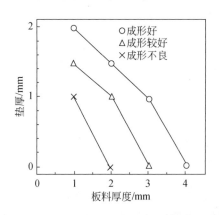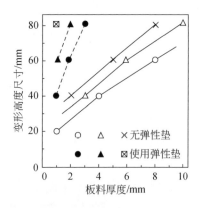

图 6.4　弹性垫厚度对不同厚度板料的成形性影响

4. 压痕缺陷的控制

压痕的产生主要是由于变形过于局部化造成的。增大接触面积、均匀分散接触压力、改变约束条件、改变变形路径、使变形均匀化的措施都有抑制压痕的效果。

抑制压痕的几种工艺方法：

（1）采用大曲率半径的冲头

增大接触面积、降低接触压强、对减轻压痕比较有效。有时受所成形零件形状的限制（如对于大曲率零件，用大半径的冲头是无法成形的）。

（2）在冲头与板料之间使用弹性垫

多点成形相对于传统冲压的显著优势在于其灵活性，但离散化的基本体也增加了不利的限制，多点成形过程中的接触条件与传统冲压过程有着显著的区别。分散接触压力，避免冲头的集中力直接作用于板料。对于抑制表面压痕特别有效。弹性垫可以用普通橡胶、聚氨脂橡胶或弹性钢条等，如图 6.5 所示。最简单的弹性垫可以使用和板料相同大小的两块板，把板料夹于其中进行成形[128]。硬质材质的弹性垫通常使用条状的弹簧钢。钢制弹性垫的上下两层采用钢条直交重叠，在交点处黑圆圈部位用铆钉或点焊固定，可以自由地产生弯曲、扭曲等变形，两层板带间还可以相对滑移。

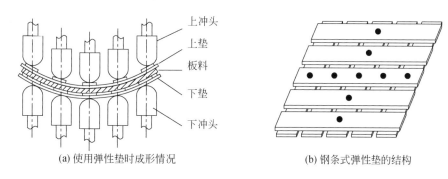

(a) 使用弹性垫时成形情况　　　　　　　　(b) 钢条式弹性垫的结构

图 6.5　弹性垫控制压痕

弹性垫的材质、厚度对其抑制成形缺陷的效果有很大影响。如果材质较软，并且厚度比较小，则对控制压痕没有太大的效果；但当其厚度比较大时，由于其自身压缩变形不均，则对加工精度的影响比较大。

在成形过程中，弹性垫产生目标形状的变形，并且将基本体集中载荷分散地传递给板料，能显著地抑制压痕的产生。由于弹性垫与板料总是保持接触，对起皱也有抑制作用，成形后弹性垫可以完全恢复到原来的形状，成为平整状态。

　　无弹性垫的圆柱形和马鞍形零件的多点成形模拟结果如图 6.6 所示。由图 6.6 可知，压痕出现在零件与基本体元件接触的点上，并且在圆柱形零件的整个表面上都可以清楚地看到。而在马鞍形零件上，在角落附近的区域出现了严重的凹痕。在无弹性垫的情况下进行多点成形时，基本体元件对金属板材施加了集中载荷，导致金属板材发生强烈的局部变形，使金属板材在基本体元件的尖端处出现压痕。为了生产合格的零件，离散的基本体群需要对模具表面进行平滑处理，同时在多点成形过程中必须使用弹性垫。

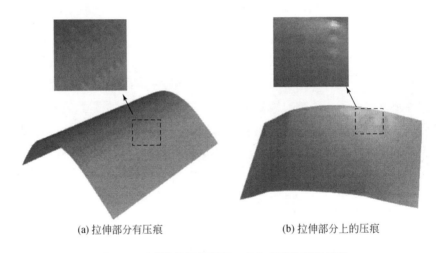

(a) 拉伸部分有压痕　　　　　　　　　　(b) 拉伸部分上的压痕

图 6.6　无弹性垫的情况下，多点成形件压痕情况

　　使用弹性垫可以改善金属板材与离散模具之间的接触条件，抑制多点成形过程中的压痕。但是弹性垫可能会导致成形零件的形状与离散基本体群的形状之间产生差异。图 6.7 为圆柱形和马鞍形零件的厚度应变数值模拟结果。模拟中使用的弹性垫厚度分别为 2mm、5mm 和 10mm。由图 6.7 可知，在圆柱形零件上，基本体群的第一行和第一列与零件接触的地方会出现最强的压痕，而在马鞍形零件上，基本体群的最后一行和最后一列与零件接触的地方会出现压痕。弹性垫的厚度越薄，零件表面上的压痕就越强。在弹性垫厚度为 10mm 的情况下，板材厚度变化稳定，表面不会出现压痕。

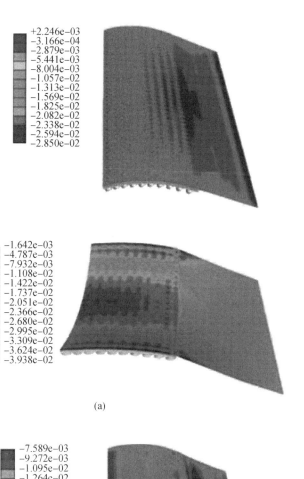

+2.246e-03
-3.166e-04
-2.879e-03
-5.441e-03
-8.004e-03
-1.057e-02
-1.313e-02
-1.569e-02
-1.825e-02
-2.082e-02
-2.338e-02
-2.594e-02
-2.850e-02

-1.642e-03
-4.787e-03
-7.932e-03
-1.108e-02
-1.422e-02
-1.737e-02
-2.051e-02
-2.366e-02
-2.680e-02
-2.995e-02
-3.309e-02
-3.624e-02
-3.938e-02

(a)

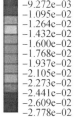

-7.589e-03
-9.272e-03
-1.095e-02
-1.264e-02
-1.432e-02
-1.600e-02
-1.768e-02
-1.937e-02
-2.105e-02
-2.273e-02
-2.441e-02
-2.609e-02
-2.778e-02

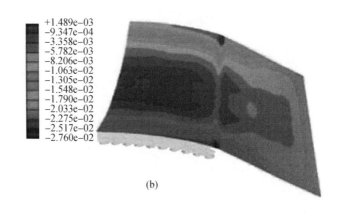

(b)

图 6.7　使用弹性垫的多点成形零件（a）圆柱形和（b）马鞍形零件的
面外主应变（1/2 模型）（弹性垫厚度为 2mm 和 10mm）

（3）采用多点压机成形或多道成形方式

利用多点成形时成形面可变的特点，采用多点压机成形或多道成形等变路径成形方式，使更多基本体接触板料，从而分散接触压力，也是抑制压痕的有效办法。

6.2.2　起皱缺陷的形成机理及控制

起皱产生于板料塑性失稳。当局部切向压应力较大，而板面又没有足够约束时，由于面外变形所需能量小，板料的变形路径向面外分叉，由面内变形转为面外变形，出现皱曲。

多点模具成形中工具与板料的多点接触形式使约束进一步减少，特别是在成形前期，约束不足的问题比较严重，当某些局部面内压应力过大时，比较容易产生起皱。

1. 起皱缺陷的形成过程

在成形开始阶段，下基本体群只在四个角点 A、B、C、D 附近与板料接触并约束板料，上基本体群中只有处于中间的基本体在中心点 O 与板料接触并施加作用。这时，在中心线附近，下基本体阵列没有对板料形成约束，如图 6.8 所示。

在成形过程中，板料各处都受到向中心 O 的拉入作用，中心点附近的微元体双向受拉，O_1-O_2 及 O'-O'' 截面的受力与变形如图 6.9（a）所示。由于角点处基本体的约束，在平行于板料边缘的切线方向产生压应力，边缘中点附近的微元体

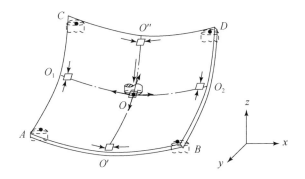

图 6.8　双向曲率曲面的无压边多点成形示意图

受压。在合模前，上、下基本体没有对边缘 *AB*、*BD*、*DC* 及 *CA* 附近的板料构成约束，于是，当压应力较大时，在靠近边缘中点附近，板料的变形转向面外，产生局部皱曲，如图 6.9（b）所示。

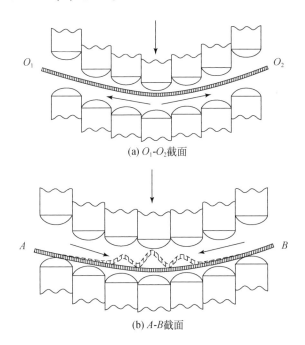

(a) O_1-O_2截面

(b) *A-B*截面

图 6.9　多点成形中的局部起皱

在多点成形过程中，板料起皱具有明显的阶段性。

板料无压边成形的起皱过程可以描述如下：

①成形初期，基本体行程较小，少数基本体接触板料，板料逐渐发生变形。

②随着基本体行程增大，与板料接触的基本体数量逐渐增多。球面成形件边缘中部及马鞍面成形件中心的局部区域切向压应力逐渐增大。由于这些区域基本体对板料没有形成约束，球面/马鞍面开始出现局部皱曲。

③皱纹随着基本体行程的增加而不断增大，当球面/马鞍面成形时基本体行程达到某一数值时，皱纹最大。

④随着上下基本体逐渐闭合，与板料接触的基本体越来越多，成形件所受约束逐渐增强，部分皱纹被压平，皱纹深度变小。

2. 起皱缺陷的控制

增加对变形中板料的约束、改变变形路径、使变形均匀化、减小局部压应力等措施都有抑制起皱的效果。

改变板料变形路径在传统的整体模具成形中是不可能的，但在多点成形中完全能够实现。利用多点成形的成形面可变的特点，采用以下几种方式对消除起皱比较有效。

（1）采用多点压机成形

在成形过程中，控制基本体的高度、调整板料的约束状态、改变板料的变形路径，使各部分在成形过程中保持变形均匀或者最大限度地减小不均匀程度，从而避免产生起皱缺陷。

（2）采用分段或多道多点成形技术

利用多点成形的基本体群成形面可变的特点，将零件逐段、分区域或分道次连续成形。这种成形方式在每一区域的每次成形中将板料的变形量控制在较小的范围内，使板料与基本体充分接触，提供足够的变形约束，使变形均匀化，从而避免起皱产生。

（3）弹性垫技术

使用弹性垫特别是钢条式弹性垫，具有明显的防皱效果。

（4）压边技术

薄板多点成形时，压边技术是消除起皱缺陷的最有效方法。但是，要实现压边，多点成形设备应具有压边功能。

对不同变形程度、不同厚度成形件的多点成形过程进行数值模拟，即可得到无压边情况下不起皱的多点成形极限。图 6.10 中，R 为球面或马鞍面的目标曲率半径，L 为正方形板料的边长，基本体为 30×30 排列。L2Y2 的成形极限位于 08AL 的上面，表明纯铝 L2Y2 的起皱更明显，也就是说 08AL 材料与纯铝 L2Y2 相比不容易起皱。

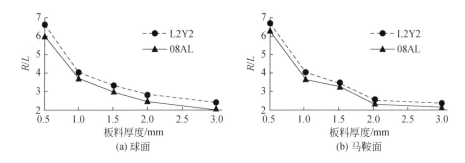

(a) 球面   (b) 马鞍面

图 6.10   不同变形程度、不同厚度成形件的无压边情况下不起皱的多点成形极限

在大变形复杂三维零件成形过程中，产生的平面内压应力通常会导致起皱[18]。在传统冲压中，撕裂和起皱缺陷可通过压边圈来抑制[33-37]。在多点成形过程中，起皱缺陷也可以用同样的方式控制。带压边圈的多点成形如图 6.11 所示。施加在压边圈上的压边力可以调节以满足要求。图 6.12 为压边圈对消除多点成形工艺中的起皱缺陷的效果。零件材质为纯铝，厚度 1mm；目标形状为马鞍面。从图 6.12 可以看出，多点成形过程没有采用压边圈时，零件产生了严重的起皱，但如果采用压边圈，则起皱完全消除。因此，设有压边圈的多点成形工艺是成形无缺陷的三维零件的有效方法，非常适于制造汽车覆盖件等复杂曲面零件，如图 6.13 所示。

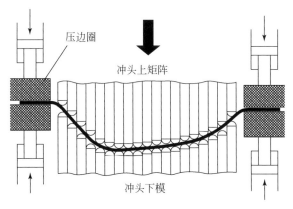

图 6.11   带有压边圈的薄板多点成形示意图

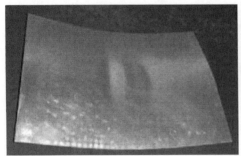 

(a) 不带压边圈　　　　　　　　　　　　　(b) 带压边圈

图 6.12　多点成形马鞍形零件

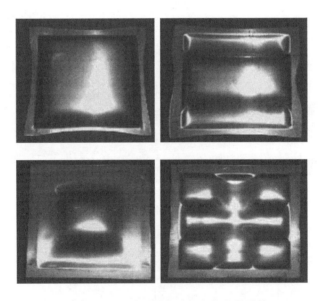

图 6.13　利用压边圈成形的多点成形零件

与压边圈相关的关键问题之一是工件和压边圈表面之间的过渡表面需要连续且光滑[38]。不良的过渡表面可能会导致工件出现严重起皱甚至撕裂，而连续且光滑的过渡表面可以避免这些缺陷，提高工件的成形性能。

6.2.3　回弹的形成机理及控制

回弹是板料成形时不可避免的现象。

在外载荷作用下，板料的变形由塑性变形和弹性变形两部分组成。当外载荷卸掉后，塑性变形保留下来，而弹性变形则恢复，使成形件的形状和尺寸都发生与加载时变形方向相反的变化。在弯曲变形时加载过程中变形区的内层和外层的应力和应变的性质相反，卸载时这两部分回弹变形的方向也是相反的，因此，回弹在弯曲件中引起的形状和尺寸变化最为显著。

在中厚板无压边多点成形时成形件的变形量一般都不大。由于没有压边圈，板料面内变形力较小，主要以弯曲变形为主，因而回弹对成形件最终形状的影响比较大。

利用多点成形中成形面的可变性，可根据预测的回弹大小及分布情况，通过对基本体群成形面进行补偿，来减小甚至完全消除回弹。

回弹的控制方法如下。

（1）通过对基本体群成形面进行补偿，可以减小甚至完全消除回弹的影响

回弹量的预测是实施基本体群成形面补偿技术的基础。对回弹进行准确补偿，要建立在对回弹量准确预测的基础上。回弹计算比较复杂，通常可以采用数值模拟来计算，也可通过实验确定。

（2）采用闭环成形方法

零件第一次成形后，测量出曲面几何参数，与目标形状进行比较，计算出误差并反馈到 CAD 系统，计算出修整的基本体群成形面，重新调整基本体群成形面，进行再次成形。这样反复几次即可消除回弹的影响，获得精确的零件，如图 6.14 所示。

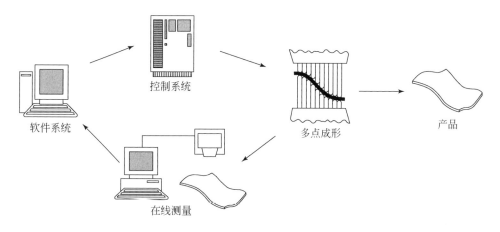

图 6.14　闭环成形过程示意图

（3）采用反复成形技术

在多点成形中，可采用反复成形的方法消除回弹并降低残余应力。其核心思路是首先使变形超过目标形状，然后再反向变形并越过目标形状，再正向变形……，如此以目标形状为中心反复成形。随着反复成形中前后两次成形之间相对变形量的减小，回弹引起的板料变形量也越来越小，最终形状逐渐收敛于目标形状，如图 6.15 所示。

在多点成形中，每个基本体都可以主动调整。因此，可以方便地调整每个基本体的方向和速度，实现重复成形。

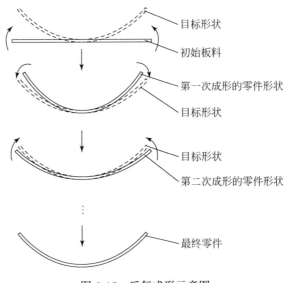

图 6.15　反复成形示意图

图 6.16 为反复成形过程中板料在厚度方向上的应力分布变化图。首先将板料成形到略微超过所需形状，此时发生了回弹变形，应力分布如图 6.16（a）所示。如果接续的反向变形等于回弹量，实际上是一个卸除载荷的过程，应力分布如图 6.16（b）所示。当再施加正向载荷时，工件沿着其回弹方向继续变形，超过所需形状，应力如图 6.16（c）所示。通过以目标形状为中心不断反复成形，使工件逐渐达到所需的形状，残余应力的最大值逐渐变小，其循环逐渐变短。最终实现了回弹的精确控制。

图 6.17 为六次反复成形的成形件回弹后扭曲角的实验结果。可以看出，在反复成形中，随着反复成形次数的增加，试件的弹性恢复越来越小，最终稳定于目标尺寸。

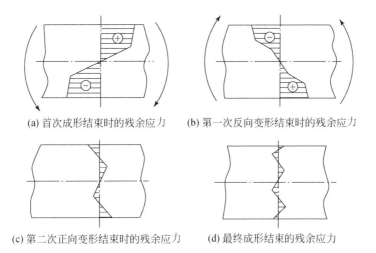

(a) 首次成形结束时的残余应力　　　(b) 第一次反向变形结束时的残余应力

(c) 第二次正向变形结束时的残余应力　　　(d) 最终成形结束的残余应力

图 6.16　反复成形时的应力变化

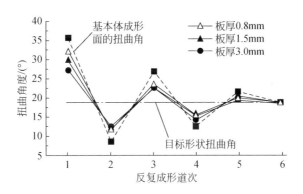

图 6.17　回弹后扭曲角反复成形实验结果

(目标形状：扭曲面，材料：L2Y2 铝板，厚度：0.8mm、1.5mm、3.0mm)

图 6.18 为四种不同厚度的铝试件采用六次反复成形时的实验结果，目标形状为两个方向曲率均为 5.56m^{-1} 的马鞍面。可以看出，板料厚度对反复成形中的回弹产生较大影响；随着反复成形次数的增加，回弹量在逐渐减小，且最终稳定于目标尺寸厚度 0.8mm 的试件经六次反复成形后与目标形状仍有 0.05m^{-1} 的偏差，采用更多次数的反复成形，依然可以稳定于目标形状。

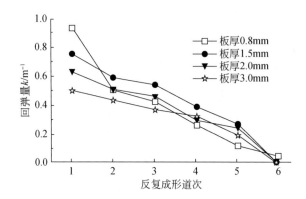

图 6.18　不同厚度的试件在反复成形过程中回弹的变化

参 考 文 献

[1] Nakajima N. A newly developed technique to fabricate complicated dies and electrodes with wires. J. Jpn. Soc. Mech. Eng. , 1969, 72（603）: 32-40.

[2] Nishioka F. An automatic bending of plates by the universal press with multiple piston heads. In Proc. Ship Build. Assoc. Jpn. , 1972, 132: 481-501.

[3] Iwasaki Y, Shiota H, Taura Y. Forming of the three-dimensional surface with a triple-row-press. Advanced Technology of Plasticity, 1984, 1: 483-488.

[4] Iseki H. A sheet metal forming method with flexible tools. In Proc. of the Japanese Conf. for Technology of Plasticity, 1991: 265-266.

[5] Otsuka M. Forming with multiple punches for shipboard. In Proceedings of Japanese Conference for Technology of Plasticity, 1998: 495-496.

[6] Hardt D E, Boyce M C, Ousterhout K B, et al. A flexible forming system for sheet metal. In Proc, NSF Conference on Design and Manufacturing Systems Research, 1992: 77-86.

[7] Hardt D E, Olson B A, Allison B T, et al. Sheet metal forming with discrete die surfaces. In Ninth North American Manufacturing Research Conference Proceedings, 1981 : 140-144.

[8] Hardt D E, Webb R. D. Sheet metal die forming using closed-loop shape control. CIRP Ann. , 1982, 31: 165-169.

[9] Hardt D E, Webb R D, Robinson R E. Closed-loop control of die stamped sheet metal parts: algorithm development and flexible forming machine design. In Proc. Advanced Systems for Manufacturing Conference, 1985 : 21-28.

[10] Hardt D E, Boyce M C, Ousterhout K B, et al. Closed-loop control of sheet metal forming process: controller analysis and three dimensional experiments. In Proc, NSF Conference on Design and Manufacturing Systems Research, 1992-01.

[11] Webb R D, Hardt D E. A transfer function description of sheet metal forming for process control. ASME J. Eng. Ind. , 1991, 113: 44.

[12] Walczyk D F, Hardt D E. Design and analysis of reconfigurable discrete dies for sheet metal forming. J. Manuf. Syst. , 1998, 17（6）: 436-454.

[13] Walczyk D F, Hardt D E. A comparison of rapid fabrication methods for sheet metal forming dies. ASME J. Manuf. Sci. Eng. , 1999, 121: 214-224.

[14] Li M Z, Liu Y H, Su S Z, et al. Multi-point forming: a flexible manufacturing method for a 3D

surface sheet. J. Mater. Process. Technol. , 1999, 87: 277-280.

[15] Li M Z, Cai Z. Y, Sui Z, et al. Multi-point forming technology for sheet metal. J. Mater. Process. Technol. , 2002, 129: 333-338.

[16] Li M Z, Cai Z Y, Sui Z, et al. Finite element simulation of multi-point sheet forming process based on implicit scheme. J. Mater. Process. Technol. , 2005, 161 (3): 449-455.

[17] Li M Z, Cai Z Y, Liu C G. Analysis of residual stresses in alternate multipoint forming of sheet metal. Chin. J. Mech. Eng. Jan, 2000, 36 (1): 50-54.

[18] Li M. Z, Cai Z Y, Liu C G. Flexible manufacturing of sheet metal parts based on digitized-die. Robot Comput. Integr. Manuf. , 2007, 23 (1): 107-115.

[19] Cai Z Y, Li M Z. Optimum path forming technique for sheet metal and its realization in multi-point forming. J. Mater. Process. Technol. , 2001, 110 (2): 136-141.

[20] Cai Z Y, Li M Z. Finite element simulation of multi-point sheet forming process based on implicit scheme. J. Mater. Process. Technol. , 2005, 161: 449-455.

[21] Zhang Q, Wang Z R, Dean T A. The mechanics of multi-point sandwich forming. Int. J. Mach. Tools Manuf. , 2008, 48: 1495-1503.

[22] Papazian J M, Nardiello J A, Schwarz R C, et al. System and method for forming sheet metal using a reconfigurable tool. U. S. 6363767. 2002-4-2.

[23] Umetsu S, Toshihiko M. Variable mold apparatus. U. S. 5192560. 1993-3-9.

[24] Haas E G, Kesselman M. Adjustable form die. U. S. 5546784. 1996-8-20.

[25] Haas E G, Schwarz R C, Papazian J M. Modularized, reconfigurable heated forming tool. U. S. 6089061. 2000-7-18.

[26] Berteau J. Variable-shape mold. U. S. 5330343. 1994-7-19.

[27] Todoroki M, Imazu H, Nomura H, et al. Apparatus and method for producing variable configuration die. U. S. 5253176. 1993-10-12.

[28] Li M Z, Nakamura K, Watanabe S, et al. Study of the basic principles (1st report: research on multi-Point forming for sheet metal). In Proceedings of the Japanese Spring Conference for Technology of Plasticity, 1992: 519-522.

[29] Li M Z, Cai Z Y, Liu C G, et al. Recent developments in multi-point forming technology, advanced technology of plasticity 2005. In Proceedings of the 8th International Conference on Technology of Plasticity, 2005: 707-708.

[30] 林坚磊. 板材柔性压边多点成形工艺及其数值模拟研究. 长春: 吉林大学, 2019.

[31] 李东平, 隋振, 蔡中义, 等. 板材多点成形技术研究综述. 塑性工程学报, 2001, (02): 46-48.

[32] Hwang S Y, Lee J H, Yang Y S, et al. Springback adjustment for multi-point forming of thick

plates in shipbuilding. Computer-Aided Design, 2010, 42 (11): 1001-1012.

[33] Beglarzadeh B, Davoodi B. Numerical simulation and experimental examination of forming defects in multi-point deep drawing process. Mechanika, 2016, (3): 182-189.

[34] Shen W, Yan R J, Lin Y, et al. Residual stress analysis of hull plate in multi-point forming. Journal of Constructional Steel Research, 2018, 148: 65-76.

[35] Abosaf M, Essa K, Alghawail A, et al. Optimisation of multi-point forming process parameters. International Journal of Advanced Manufacturing Technology, 2017, 92 (5-8): 1849-1859.

[36] Elghawail A, Essa K, Abosaf M, et al. Prediction of springback in multi-point forming. Cogent Engineering, 2017, 4 (1): 1-15.

[37] 李明哲, 崔相吉, 邓玉山, 等. 多点成形技术的现状与发展趋势. 锻压装备与制造技术, 2007, (05): 15-18.

[38] 高宏志, 周贤宾, 李晓星, 等. 复杂截面型材的可拉弯性预测. 中国机械工程, 2008, 19 (17): 2113-2117.

[39] Liu C G, Li M Z, Fu W Z. Principles and apparatus of multi-point forming for sheet metal. International Journal of Advanced Manufacturing Technology, 2008, 35 (11-12): 1227-1233.

[40] Cai Z Y, Wang S H, Li M Z. Numerical investigation of multi-point forming process for sheet metal: wrinkling, dimpling and springback. International Journal of Advanced Manufacturing Technology, 2008, 37 (9-10): 927-936.

[41] 张庆芳. 板料多点成形回弹补偿方法及其数值模拟与实验研究. 长春: 吉林大学, 2014.

[42] Zhang Q F, Cai Z Y, Zhang Y, et al. Springback compensation method for doubly curved plate in multi-point forming. Materials & Design, 2013, 47: 377-385.

[43] Zhang Q F, Cai Z Y, Li M Z. Study on springback compensation in multi-Point forming. Advanced Materials Research, 2011, (189-193): 2957-2960.

[44] Li L, Seo Y H, Heo S C, et al. Numerical simulations on reducing the unloading springback with multi-step multi-point forming technology. International Journal of Advanced Manufacturing Technology, 2010, 48 (1-4): 45-61.

[45] 杨万沔. 大型船用复杂曲面多点循环渐进成形关键技术研究. 重庆: 重庆大学, 2016.

[46] 王卫卫, 李颖, 贾彬彬. 鞍面力-位移分控多点成形起皱的数值模拟研究. 锻压技术, 2015, 40 (05): 22-27.

[47] 贾彬彬. 金属板材力-位移可调多点成形规律研究. 哈尔滨: 哈尔滨工业大学, 2018.

[48] Jia B B, Wang W W. Shape accuracy analysis of multi-point forming process for sheet metal under normal full constrained conditions. International Journal of Material Forming, 2018, 11 (4): 491-501.

[49] Jia B B, Wang W W. New process of multi-point forming with individually controlled force-dis-

placement and mechanism of inhibiting springback. International Journal of Advanced Manufacturing Technology, 2017, 90 (9-12): 3801-3810.

[50] Jia B B, Wang W W. Deformation behavior of curved shells in multi- point forming with asymmetric punches. International Journal of Advanced Manufacturing Technology, 2017, 93 (9-12): 3981-3990.

[51] Hardt D E, Gossard D C. A variable geometry die for sheet metal forming: machine design and control. IEEE, 1980.

[52] Papazian J M. Tools of change. Mechanical Engineering, 2002, 124 (2): 52-55.

[53] Seo Y H, Heo S C, Park J W, et al. Development of stretch forming apparatus using flexible die. 소성가공 제 19 권 제 1 호, 2010, 19 (1): 17-24.

[54] Seo Y H, Heo S C, Ku T W, et al. Numerical analysis for stretch forming process using flexible die. Steel Research International, 2010, 81 (9): 954-957.

[55] Bae C N, Hwang S Y, Lee J H, et al. Multi point press stretch forming system applied to curved hull plate of aluminum ship. Korean Journal of Computational Design & Engineering, 2012, 17 (3): 188-197.

[56] 彭赫力, 李明哲, 赵毕艳, 等. 柔性夹钳拉形力加载与位移加载的数值模拟. 锻压技术, 2014, 39 (009): 127-130.

[57] 彭赫力. 柔性夹钳拉形过程及其数值模拟研究. 长春: 吉林大学, 2013.

[58] Peng H, Li M, Liu C, et al. Study of multi-point forming for polycarbonate sheet. International Journal of Advanced Manufacturing Technology, 2013, 67 (9-12): 2811-2817.

[59] 张文阳, 李东升, 李小强, 等. 可重构柔性模具蒙皮拉形模面生成方法研究与实现. 锻压技术, 2009, (02): 145-148.

[60] 蔡中义, 张海明, 李光俊, 等. 多点拉形数值模拟及模具型面补偿方法. 吉林大学学报 (工学版), 2008, (02): 329-333.

[61] 陈雪, 陈成, 李明哲. 离散夹钳柔性拉形机的研制及实验验证. 机床与液压, 2020, 48 (14): 83-86.

[62] 陈雪. 基于离散夹钳与多点模具的板材柔性拉形技术研究. 长春: 吉林大学, 2011.

[63] 王少辉, 蔡中义, 李明哲, 等. 冲头尺寸对多点拉形效果影响的数值模拟. 吉林大学学报 (工学版), 2009, 39 (03): 619-623.

[64] 王少辉. 多点拉形中局部变形与成形缺陷及其控制方法的数值模拟研究. 长春: 吉林大学, 2011.

[65] Wang S, Cai Z, Li M. Numerical investigation of the influence of punch element in multi-point stretch forming process. The International Journal of Advanced Manufacturing Technology, 2010, 49 (5): 475-483.

[66] 严大伟. 拉形辅助板料渐进成形变形规律研究. 南京: 南京航空航天大学, 2018.

[67] 刘纯国, 刘伟东, 邓玉山. 多点冲头主动加载路径对薄板拉形的影响. 吉林大学学报 (工学版), 2018, 48 (01): 221-228.

[68] 王友. 高柔性拉伸成形工艺及其数值模拟研究. 长春: 吉林大学, 2015.

[69] Wang Y, Li M Z, Wang D M, et al. Modeling and numerical simulation of multi-gripper flexible stretch forming process. International Journal of Advanced Manufacturing Technology, 2014, 73 (1-4): 279-288.

[70] Wang Y, Li M Z. Research on three-dimensional surface parts in multi-gripper flexible stretch forming. International Journal of Advanced Manufacturing Technology, 2014, 71 (9-12): 1701-1707.

[71] Murata M, Kuboki T. CNC tube forming method for manufacturing flexibly and 3-dimensionally bent tubes. 2015: 363-368.

[72] Murata M. Effects of inclination of die and material of circular tube in MOS bending method. Transactions of the Japan Society of Mechanical Engineers, 1996, 62 (601): 3669-3675.

[73] Gantner P, Harrison D K, Silva A D, et al. The development of a simulation model and the determination of the die control data for the free-bending technique. Proceedings of the Institution of Mechanical Engineers Part B Journal of Engineering Manufacture, 2007, 221 (2): 163-171.

[74] Gantner P, Harrison D K, De Silva A K M, et al. New bending technologies for the automobile manufacturing industry. Proceedings of the 34th International Matador Conference, 2004: 211-216.

[75] Gantner P, Bauer H, Harrison D K, et al. Free-bending—a new bending technique in the hydroforming process chain. Journal of Materials Processing Technology, 2005, 167 (2): 302-308.

[76] Cheng X, Wang H, Abd El-Aty A, et al. Cross-section deformation behaviors of a thin-walled rectangular tube of continuous varying radii in the free bending technology. Thin-Walled Structures, 2020, 150: 1-10.

[77] Vasudevan D, Srinivasan R, Padmanabhan P. Effect of process parameters on springback behaviour during air bending of electrogalvanised steel sheet. Journal of Zhejiang University-Science A, 2011, 12 (3): 183-189.

[78] Guo X Z, Xiong H, Li H, et al. Forming characteristics of tube free-bending with small bending radii based on a new spherical connection. International Journal of Machine Tools & Manufacture, 2018, 133: 72-84.

[79] Guo X Z, Ma Y N, Chen W L, et al. Simulation and experimental research of the free bending process of a spatial tube. Journal of Materials Processing Technology, 2018, 255: 137-149.

[80] Guo X, Hao X, Li H, et al. Forming characteristics of tube free-bending with small bending radii based on a new spherical connection. International Journal of Machine Tools Manufacture, 2018, 133: 72-84.

[81] 李鹏飞. 型材和管材的柔性弯曲成形及其数值模拟研究. 长春: 吉林大学, 2017.

[82] Li P F, Wang L Y, Li M Z. Flexible-bending of profiles and tubes of continuous varying radii. International Journal of Advanced Manufacturing Technology, 2017, 88 (5-8): 1669-1675.

[83] 周永平. 管材和型材柔性弯曲成形的工艺参数研究. 长春: 吉林大学, 2018.

[84] Zhou Y, Li P, Li M, et al. Residual stress and springback analysis for 304 stainless steel tubes in flexible-bending process. The International Journal of Advanced Manufacturing Technology, 2018, 94 (1): 1317-1325.

[85] Zhou Y, Li P, Li M, et al. Application and correction of L-shaped thin-wall aluminum in flexible-bending processing. The International Journal of Advanced Manufacturing Technology, 2017, 92 (1-4): 981-988.

[86] 时超凡. 船用典型型材柔性弯曲成形过程数值模拟研究. 长春: 吉林大学, 2019.

[87] Hermes M, Chatti S, Weinrich A, et al. Three-dimensional bending of profiles with stress superposition. International Journal of Material Forming, 2008, 1 (1): 133-136.

[88] Chatti S, Hermes M, Tekkaya A E, et al. The new TSS bending process: 3D bending of profiles with arbitrary cross-sections. CIRP Annals - Manufacturing Technology, 2010, 59 (1): 315-318.

[89] Staupendah D, Tekkaya A E. Mechanics of the reciprocal effects of bending and torsion during 3D bending of profiles. Journal of Materials Processing Technology, 2018, 262: 650-659.

[90] Muranaka T, Fujita Y, Otsu M, et al. Development of rubber-assisted stretch bending method for improving shape accuracy. Procedia Manufacturing, 2018, 15: 709-715.

[91] Capilla G, Hamasaki H, Yoshida F. Determination of uniaxial large-strain workhardening of high-strength steel sheets from in-plane stretch-bending testing. Journal of Materials Processing Technology, 2017, 243: 152-169.

[92] Deng T, Li D, Li X, et al. Material characterization, constitutive modeling and validation in hot stretch bending of Ti-6Al-4V profile. Proceedings of the Institution of Mechanical Engineers, Part B: Journal of Engineering Manufacture, 2016, 230 (3): 505-516.

[93] Wu J J, Zhang Z K, Shan Q, et al. A method for investigating the springback behavior of 3D tubes. International Journal of Mechanical Sciences, 2017, 131: 191-204.

[94] 李小强, 周贤宾, 金朝海, 等. 基于有限元模拟的三维型材拉弯轨迹设计. 航空学报, 2009, 30 (03): 544-550.

[95] Schilp H, Suh J, Hoffmann H. Reduction of springback using simultaneous stretch-bending

processes. International Journal of Material Forming, 2012, 5（2）：175-180.

［96］ Welo T, Ma J, Blindheim J, et al. Flexible 3D stretch bending of aluminium alloy profiles：an experimental and numerical study. Proceedings of the 18th International Conference Metal Forming, 2020, 50：37-44.

［97］ Ma J, Welo T. Analytical springback assessment in flexible stretch bending of complex shapes. International Journal of Machine Tools & Manufacture, 2021, 160：1-19.

［98］ Jeswiet J, Geiger M, Engel U, et al. Metal forming progress since 2000. CIRP Journal of Manufacturing Science and Technology, 2008,（1）：2-17.

［99］ Zhang S H, Wang Z R, Wang Z T, et al. Some new features in the development of metal forming technology. Journal of Materials Processing Technology, 2004, 151（3）：39-42.

［100］ Li M Z, Cai Z Y, Sui Z, et al. Multi-point forming technology for sheet metal. Journal of Materials Processing Technology, 2002, 129（1-3）：333-338.

［101］ Klaus Siegert, Markus Hussermann, Dirk Haller, et al. Tendencies in presses and dies for sheet metal forming processes. Journal of Materials Processing Technology, 2000, 98（2）：259-264.

［102］ Siegert K, Doege E. CNC hydraulic multipoint blankholder system for sheet metal forming presses∥CIRP Annals Manufacturing Technology, 1993, 42（1）：319-322.

［103］ Siegert K, Rennet A, Fann K J. Prediction of the final part properties in sheet metal forming by CNC-controlled stretch forming. Journal of Materials Processing Technology, 1997, 77（1）：141-146.

［104］ Siegert K, Fann K J, Rennet A. CNC-controlled segmented stretch-forming process∥CIRP Annals Manufacturing Technology, 1996, 45（1）：273-276.

［105］ 韩奇钢, 李明哲, 付文智, 等. 双曲率板材件柔性拉伸对压复合成形系统. 吉林大学学报（工学版）, 2012, 42（Sup. 1）：212-215.

［106］ 罗锐湘. 纤维复材曲面的多点柔性气辅热压成型工艺优化. 长春：吉林大学, 2023.

［107］ 李明哲, 付文智, 王欣桐. 三维曲面件柔性成形技术的现状. 锻造与冲压, 2020（24）：36-40.

［108］ 崔名扬. 三维曲面件分段多点成形及其数值模拟. 长春：吉林大学, 2019.

［109］ 李任君. 三维曲面板类件的柔性轧制设备及成形工艺研究. 长春：吉林大学, 2014.

［110］ 高嵩. 铝型材柔性三维拉弯成形工艺研究. 大连：大连理工大学, 2015.

［111］ 姚远. 铝合金型材多点弯曲成形中典型工艺的数值模拟研究. 长春：吉林大学, 2013.

［112］ 胡志清. 连续多点成形方法、装置及成形实验研究. 长春：吉林大学, 2008.

［113］ 陈传东. 基于辊轮式多点模具头体的柔性三维拉弯成形技术研究. 长春：吉林大学, 2022.

[114] 王欣桐. 基于刚性弧形辊的三维曲面柔性轧制研究. 长春：吉林大学, 2021.

[115] 李湘吉. 基于多点成形与渐进成形的板料复合成形技术研究. 长春：吉林大学, 2009.

[116] 付文智, 刘晓东, 王洪波, 等. 关于1561铝合金曲面件的多点成形工艺. 吉林大学学报 (工学版), 2017, 47 (6)：1822-1828.

[117] 邢健. 高柔性拉伸成形过程有限元分析及工艺优化研究. 长春：吉林大学, 2017.

[118] 杨振. 分布式位移加载拉伸成形中的缺陷研究及加载轨迹优化. 长春：吉林大学, 2016.

[119] 冯朋晓. 多夹钳式柔性拉形设备成形工艺及数值模拟研究. 长春：吉林大学, 2012.

[120] 王少辉. 多点拉形中局部变形与成形缺陷及其控制方法的数值模拟研究. 长春：吉林大学, 2011.

[121] 隋振. 多点成形中的快速调形与成形过程自动化研究. 长春：吉林大学, 2004.

[122] 钱直睿. 多点成形中的几种关键工艺及其数值模拟研究. 长春：吉林大学, 2007.

[123] 付文智. 多点成形设备及其调形用关键零部件研究. 长春：吉林大学, 2004.

[124] 韩奇钢, 付文智, 冯朋晓, 等. 多点成形技术的研究进展及应用现状. 航空制造技术, 2011, (10)：32-34.

[125] 谭富星. 带孔网板多点成形过程数值模拟研究. 长春：吉林大学, 2009.

[126] 笪立佳. 采用GTN损伤模型模拟集群式钢球成形镁合金曲面件研究. 长春：吉林大学, 2022.

[127] 刘秀. 不锈钢曲面多点成形回弹控制的数值模拟研究. 长春：吉林大学, 2020.

[128] 瞿二虎. 板材多点成形过程中的柔性防皱方法及其数值模拟研究. 长春：吉林大学, 2019.

[129] 李小强, 李燕乐. 柔性板材渐进成形技术与装备. 北京：机械工业出版社, 2020.